KB056692

물리와 친해지는

물리와 친해지는

1분 실험

초판 1쇄 발행 | 2014년 4월 15일
개정판 1쇄 발행 | 2024년 6월 10일

글 | 사마키 다케오 **옮김** | 조민정 **감수** | 최원석
펴낸이 | 윤상열
기획편집 | 최은영 김민정
표지 디자인 | 공간디자인 이용석 **내지 디자인** | design **Bbook** 김민정
마케팅 | 윤선미
경영관리 | 김미홍
펴낸곳 | 도서출판 그린북
등록 | 1995년 1월 4일(제10-1086호)
주소 | 서울시 마포구 방울내로11길 23 두영빌딩 302호
전화 | 02-323-8030~1
팩스 | 02-323-8797
이메일 | gbook01@naver.com
블로그 | greenbook.kr

ISBN | 978-89-5588-466-1 03420

물리와 친해지는

1분 실험

사마키 다케오 지음
조민정 옮김 · 최원석 감수

그린북

머리말

이 책의 특징은 크게 두 가지다.

첫째, 우리 주변에서 쉽게 찾을 수 있는 물건으로 쉽게 해 볼 수 있는 실험들로 구성되어 있다.
둘째, 이런 실험들을 통해 물리의 기본적인 원리를 알기 쉽게 설명한다.

이 책에서 소개하는 실험들은 일상생활에서 직접 해 볼 수 있는 것들이다. 이 실험들을 통해 그냥 이론을 공부하는 것보다 훨씬 쉽게 물리와 친해질 수 있다. 또 '실험'이라고 하면 준비 과정이 복잡할 것 같지만, 이 책의 실험을 따라 하다 보면 꼭 그렇지만은 않다는 것을 알게 될 것이다.

직접 실험을 하고, 실험과 함께 풀어 놓은 설명을 읽으며 물리의 기본 원리를 익히다 보면 어렵게만 느껴졌던 물리가 언제 그랬느냐는 듯이 친근하게 다가올 테니 말이다. 이제는 누구나 익혀야 할 기초 학습 능력인 국어와 수학에 과학도 추가되어야 한다. 과학 기술은 끝없이 발전하여 일상생활과 과학을 떼어 놓고 생각할 수 없는 시대이기 때문이다.

이 책에서 소개하는 1분 실험은 교양 과학으로서의 '물리적인 시각과

감각'을 기르는 데 가장 적합한 실험들이다. 놀이처럼 재미있고 마술처럼 신기하다. 물리라고 하면 '알고는 싶지만 어려울 것 같다'고 생각하기 쉬운데, 사실 물리는 논리적으로 파악하면 쉽게 이해할 수 있는 분야다. 하지만 이 '논리적 사고'가 오히려 수많은 물리 울렁증 환자를 낳았다.

물리는 직접 몸으로 체험할 때 더욱 쉽게 이해할 수 있다. 우리의 일상생활은 다양한 물리 현상으로 가득하므로, 물리의 기본 개념을 알고 주위를 바라보면 물리가 한층 편하게 느껴질 것이다. 그래서 생활 속의 물리 현상을 직접 느낄 수 있는 실험들을 담기 위해 노력했다. 이 책을 보고 막연하게 물리를 어려워했던 사람들이 '물리, 생각보다 재미있네?' 하고 생각이 조금이라도 바뀐다면 글쓴이로서 더없는 기쁨이겠다.

나는 대학과 대학원에서 물리화학과 과학교육을 이수한 후 중 · 고등학교에서 과학 교사로 근무했다. 교육 현장에서 '적어도 아이들이 과학을 싫어하지 않게 하자, 과학을 즐겁게 배우게 하자'는 생각으로 끊임없이 노력했다. '어떤 내용을 가르쳐야 흥미로우면서도 도움이 될까?' 하며 늘 고민했고, 스스로 다시 배우기도 했다. 그리고 지식을 전달하는 데 그치지 않고 어떤 실험과 관찰을 하면 좋을지도 늘 궁리했다.

'1분 실험'에 설명을 곁들인 《물리와 친해지는 1분 실험》은 나의 과학 교사로서의 경험과 연구 성과를 한데 모은 것이다.

사마키 다케오

차례

소리를 눈으로 본다?
소리와 진동

'평소보다 열이 높다'는 것은 맞는 말일까?
온도와 열

힘이 작용하면 반작용이 따른다
힘과 압력

지하철 안에서 점프하면 어떻게 될까?

운동과 힘

지레와 도르래는 어떻게 힘을 늘려 줄까?

일과 에너지

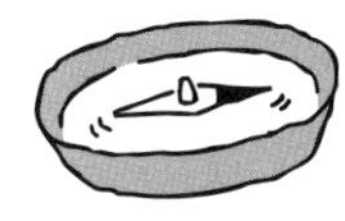

나침반의 N극은 왜 늘 북쪽을 가리킬까?

자석과 자기장

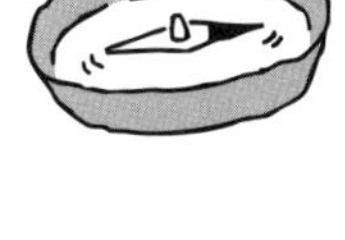

정전기, 1cm의 불꽃에 약 1만 V

정전기와 동전기

제1장

주스 500g을 마신 뒤 몸무게를 재면 500g이 늘어날까?

물리의 기본 개념_질량, 부피, 밀도

01 저울 위에서 한쪽 발을 들면 실제보다 가벼울까?

_질량 보존 법칙

먼저 몇 가지 실험을 해 보자. 실험하기 전에는 꼭 가설부터 세워야 한다.

실험 1 저울 위에 올린 물이 든 컵에 나뭇조각을 띄우면 저울의 눈금이 변할까?

물이 든 컵과 나뭇조각을 저울에 나란히 올리고 눈금을 읽는다. 그런 다음 물이 든 컵에 나뭇조각을 띄워 보자. 물이 든 컵 속의 나뭇조각에는 부력*이 작용하고 있다. 이때 눈금은 어떻게 될까?

---

* 부력 : 기체나 액체 속에 있는 물체는 기체나 액체로부터 중력과 반대 방향으로 힘을 받는다. 그 힘을 부력이라고 한다.

실험 2 체중계에 올라가 눈금을 읽은 다음 한 발을 들어 보자. 눈금이 변할까?

체중계 위에 두 발로 섰을 때와 한 발로 섰을 때, 눈금은 달라질까?

실험 3 체중계에 올라가 눈금을 읽은 다음 주스 500g을 마셔 보자. 눈금이 변할까?

물이 든 컵과 나뭇조각을 나란히 올렸을 때와 물이 든 컵에 나뭇조각을 띄웠을 때(실험 1), 저울 위에 두 발로 섰을 때와 한 발로 섰을 때(실험 2)를 비교해 보자. 이때 저울의 눈금은 조금도 차이가 없다.

반듯하게 접은 알루미늄 포일을 다시 동글동글 구기거나 호두를 망치로 부숴 산산조각을 내도, 물이 든 컵 옆에 놓아두었던 설탕을 물에 넣고 녹여도 저울의 눈금은 달라지지 않는다. 즉, 물체의 모양이나 상태가 바뀌어도 무게(질량)는 변하지 않는다. 이를 '질량 보존 법칙'이라고 부른다.

두 발과 한 발 실험(실험 2)도 마찬가지이다. 저울 위 물체의 모양만 변했을 뿐이다. 주스 500g을 마시고 다시 잰 실험(실험 3)에서도 주스 500g이 몸속에 들어갔기 때문에 주스가 들어간 딱 500g만큼 눈금이 늘어난 것이다.

물체와 물질은 어떻게 다를까?

우리 주변에는 셀 수 없이 많은 물체가 있다. 인간은 오랜 시간 동안 수많은 물체에 다양하게 영향을 주며 그 성질을 파악했다. 그래서 생활에 유용하게 쓰기도 하고, 또 변화시키기도 하며 자연계에 없는 새로운 물체를 만들기도 했다.

앞으로 자주 등장할 단어인 이 '물체'에 대해 미리 짚고 넘어가도록 하자.

어떤 물건의 모양이나 크기, 용도, 재료 중 어디에 초점을 두느냐에 따라 물체는 물질과 구별된다.

모양이나 크기 등 외형적인 면에 초점을 맞추면 그 물건은 물체라고 불린다. 이를테면 컵에는 유리컵, 종이컵, 금속으로 된 컵 등이 있는데, 어떤 재료로 만들었든지 간에 컵은 컵이라는 물체다.

한편 컵을 만든 재료에 초점을 맞추면 그 재료는 물질이 되는 것이다. 한마디로 요약하면 '물질은 물체의 재료'다. 물질은 이처럼 재료에 초점을 두는 관점이므로 화학 분야에서 주로 쓰는 용어다.

이 책은 화학이 아닌 물리를 다루는 만큼 '물체'로 통일하여 이야기할 것이다.

단, '물질'이라고 말할 때는 주로 재료와 재질에 초점을 맞춘 것이라는 점은 기억하자.

모든 물체는 원자로 구성되어 있다

물체에는 무게(질량)가 있다. 그 무게(질량)가 보존된다는 것은 '모든 물체는 원자*로 구성되어 있다'는 사실로 설명할 수 있다.

지금 나는 컴퓨터 앞에 앉아 자판을 두드리며 글을 쓰고 있는데, 이 컴퓨터를 구성하는 금속과 플라스틱, 액정은 모두 원자로 이루어져 있다. 컴퓨터뿐만 아니라 모든 물체는 원자로 구성되어 있다. 물론 생명체, 즉 우리 몸 또한 마찬가지다.

원자는 매우 작고 가벼워서 화학적 방법으로는 더 이상 쪼개지지 않

---

* 원자 : 물질의 기본적 구성 단위로, 물질을 이루는 최소 입자이다.

는다. 같은 종류의 원자는 크기와 무게가 모두 같은 반면, 다른 종류의 원자는 크기와 무게가 다르다. 이것은 원자는 종류에 따라 무게와 크기가 정해진다는 것을 의미한다.

또한 방사성 물질을 제외한 모든 원자는 다른 원자로 쉽게 변하지 않고, 없어지거나 새로 생기지도 않는다.

물체는 이러한 원자로 구성되어 있기 때문에 모양이 바뀌어도 원자의 총수는 변하지 않는다. 즉, 고체가 액체가 되는 것처럼 상태가 바뀌어도 구성 원자들이 어디로 이동하지 않고 전부 그대로 있다면 저울의 눈금은 변하지 않는다.

실험 3에서처럼 외부에서 물체가 첨가될 때는 그 물체의 원자 또한 전부 포함되므로 그만큼 물체의 무게도 늘어나는 것이다.

컵을 거꾸로 엎어서 물에 넣으면 컵 안에 물이 들어갈까?

물체에는 무게뿐 아니라 부피도 있다. 부피란 물체가 차지하는 공간의 크기를 말한다. 즉, '물체가 있다'는 말은 물체가 자체 공간을 차지하고 있다는 뜻이다.

공기 중에 있는 물체는 자체 공간을 차지하면서 그만큼 공기를 밀어낸다. 물에서도 마찬가지다. 물이 가득 든 컵에 물에 가라앉는 물체를 넣으면 그 물체의 부피만큼 물이 흘러넘친다. 물이 든 눈금 실린더에 물체를 넣으면 물체가 차지하는 공간만큼 물의 높이가 올라간다. 올라간 눈금을 보고 그 물체의 부피를 잴 수 있다.

이렇게 물체에는 무게와 부피가 있다. 그렇다면 공기 같은 기체에도 부피가 있을까?

실험 4 컵을 거꾸로 엎어서 물에 넣으면 컵 안에 물이 들어갈까?

컵에 휴지를 뭉쳐서 넣고 떨어지지 않게 고정한 뒤, 컵을 거꾸로 엎어서 물에 넣어 보자. 물 속에 들어갔으니 휴지는 당연히 젖었을까?

결과는 '그렇지 않다'이다. 컵 안에 있는 공기가 자기 공간을 차지하고 있어서 물이 들어올 틈이 없기 때문이다. 즉, 공기에도 부피가 있는 것이다. 만약 컵 밑바닥에 구멍이 뚫려 있다면 구멍으로 공기가 빠져나가서 물이 들어올 공간이 생기기 때문에 휴지는 젖어 버릴 것이다.

만약 욕조에서 실험 4를 한다면 컵보다 훨씬 큰 세숫대야를 이용해서 더 많은 공기를 물에 가지고 들어갈 수도 있다. 세숫대야를 거꾸로 엎어서 물에 넣은 후 살짝 기울이면 공기 방울이 보글보글 올라온다.

고체 · 액체의 부피와 기체의 부피에는 큰 차이가 있다. 바로 힘을 가했을 때 줄어드는 방식이다. 주사기에 물을 넣고 입구를 막으면 피스톤에 아무리 힘을 가해도 물의 부피가 줄어들지 않아 잘 들어가지 않는다. 하지만 주사기에 물 대신 공기를 넣고 입구를 막은 뒤 피스톤에 힘을 가하면 쑥 들어간다. 부피가 쉽게 줄어들기 때문이다.

고체나 액체는 물체를 이루는 원자와 분자가 아주 단단하게 결합하고 있다. 그러나 기체의 원자와 분자는 비교적 결합이 약해서 자유롭게 움직인다. 기체는 입자 사이의 간격이 크기 때문에 힘을 가하면 더 쉽게 줄어드는 것이다. 같은 물질이라도 고체나 액체 상태에 비해 기체 상태의 분자는 10배 정도 사이가 벌어져 있다. 그래서 기체의 부피는 고체나 액체보다 10×10×10=1,000배 정도 크다.

고체, 액체, 기체의 분자 운동

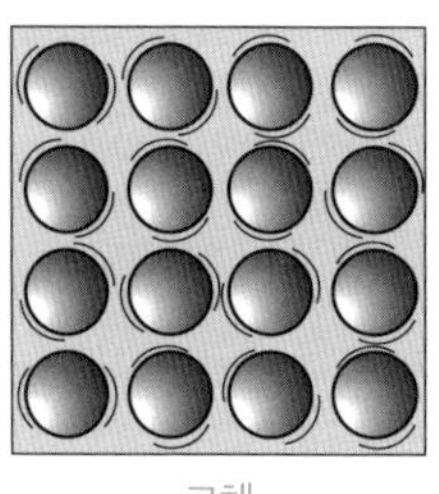
고체

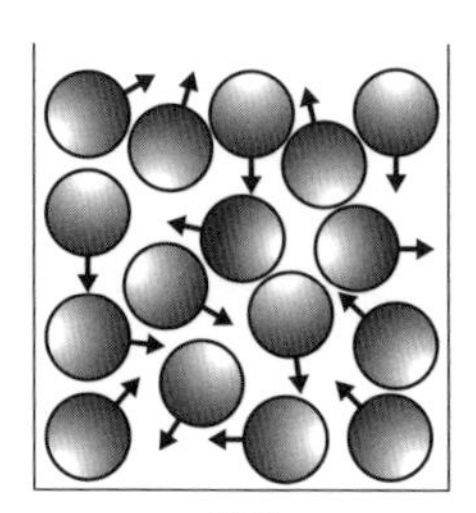
액체

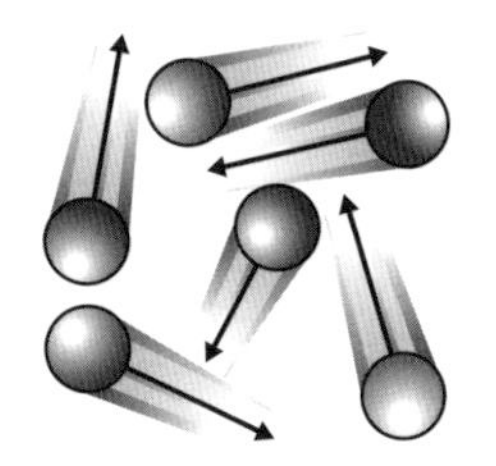
기체

이번에는 공기에도 무게가 있는지 확인해 보자.

얇은 봉지의 무게를 잰 다음, 공기를 가득 넣고 밀봉하면 봉지에 든 공기만큼 무게가 늘어날까?

사실 이 방법으로는 공기의 무게를 잴 수 없다. 밀봉하기 전이나 후나 봉지 속의 공기는 같다. 공기를 담아 밀봉하기 전에도 봉지는 공기에 둘러싸여 있기 때문이다. 마찬가지로 통에 공기를 담고 뚜껑을 닫는다고 해도 똑같다. 즉, 공기 중에서는 공기의 무게를 잴 수 없다.

그렇다면 공기의 무게는 어떻게 잴 수 있을까?

첫 번째로 통에 주변 공기보다 훨씬 압축된 공기를 넣는 방법이 있다.

먼저 빈 스프레이 통이나 공기가 약간 들어 있는 공의 무게를 잰 다음, 펌프로 공기를 주입하고 그 무게를 재서 비교해 본다.

두 번째는 통 속을 진공 상태로 만들어서 무게를 잰 다음, 공기를 넣고 다시 통의 무게를 재는 방법이다.

이 실험에서는 1g 단위까지 잴 수 있는 정밀한 저울이 필요하다.

스프레이 통에 공기를 주입하고 무게를 잰 다음 다시 공기 1ℓ를 빼내면 스프레이 통의 무게가 줄어든다. 그러면 공기 1ℓ의 무게를 계산할

공기의 무게는 어떻게 잴까?

수 있다. 공기 1ℓ는 기온이 0℃일 때 1.29g이고, 20℃일 때 1.2g이다. 같은 1ℓ의 공기라도 온도가 높으면 부피가 커지기 때문에 온도가 낮을 때보다 무게가 줄어드는 것이다.

이렇게 공기는 일반적으로 고체나 액체보다 훨씬 가볍지만 '티끌 모아 태산'이라는 말처럼 공기도 많이 모이면 꽤 무거워진다.

학교 교실의 부피가 가로 7m, 세로 9m, 높이 3m 정도라고 하자. 그럼 이 교실의 공기 무게는 얼마나 될까?

교실의 부피를 계산하면, 7(m)×9(m)×3(m)=189(㎥)이다. 1㎥는 1,000ℓ이므로, 교실의 부피를 ℓ로 환산하면 189×1,000ℓ가 된다.

앞에서 공기 1ℓ의 무게는 1.2g라고 했으니 교실 전체의 공기 무게는 189×1,000(ℓ)×1.2(g/ℓ)=226,800(g)=226.8(㎏)이다.

교실 안의 공기의 무게는 200㎏이 넘는 것이다.

0℃, 1기압의 조건에서 기체 1ℓ의 무게는 공기가 1.29g이고 대기의 78%를 차지하는 질소가 1.25g, 이산화 탄소가 1.98g, 프로페인이 2.02g이다. 제일 가벼운 기체인 수소의 무게는 0.09g이다.

이번에는 몸무게의 경우를 살펴보자. 음식 500g을 섭취한 직후에는 몸무게가 500g 늘어나는데, 시간이 지나면 어떻게 될까?

몸무게는 음식을 섭취한 만큼 늘어나고, 배출한 만큼 줄어든다. 하지만 이런 과정을 거치지 않아도 사실 몸무게는 조금씩 줄어들고 있다. 섭취한 음식의 일부가 눈에 보이지 않는 형태로 배출되기 때문이다. 바로 피부 표면에서 증발하는 수분이다. 가만히 있어도 하루에 0.8~1ℓ, 무게로 치면 800~1,000g의 수분이 피부에서 대기로 빠져나간다.

질량과 무게는 어떻게 다를까?

질량과 무게(중량)의 공통점과 차이점을 알아보자.

질량은 물질 자체의 양을 가리키는 말로, 모양과 상태가 바뀌어도 변하지 않는 물체 고유의 양이다. 지구에 있든 달에 있든 똑같다. 달이나 지구에서 달라지는 것은 질량이 아니라 무게다.

일상생활에서 자주 쓰는 '무게'는 질량을 의미할 때가 많다. 하지만 때로는 중력의 크기인 중량의 의미를 나타내기도 한다.

질량이든 중량이든 모두 '무게'라고 해도 상관없지만, 두 개념을 확실히 구별해야 할 때는 '질량' 또는 '무게(중량)'로 구분해서 써야 한다. 그리고 '무게'라는 말로 질량을 나타내고 싶다면 '무게(질량)'라고 표현해야 옳을 것이다. 이렇게 '무게'는 표현하기가 참 모호한 낱말이다.

질량의 단위에는 g(그램)과 kg(킬로그램) 등이 있다. 질량은 물체의 실제량이므로 물체 A와 물체 B의 혼합물은 반드시 A와 B의 질량을 더한 값이 된다. 실험 1에서 저울의 눈금이 그대로인 것은 저울 위의 나뭇조각을 물이 든 컵에 띄워도 변함없는 힘으로 저울을 누르기 때문이다. 이렇게 물이 든 컵과 나뭇조각의 질량을 더한 값은 변하지 않는다. 저울 위의 컵과 물, 나뭇조각의 원자 수가 변하지 않았기 때문이다.

04 철 1kg과 실 1kg 중 어느 것이 더 무거운가?

우리가 평소에 흔히 사용하는 '무겁다, 가볍다'라는 개념에는 '전체 질량'과 '같은 부피당 질량'이라는 두 가지 의미가 포함되어 있다.

예를 들어, '철과 실 중 어느 것이 더 무거운가?' 하는 질문에는 어떻게 답할 수 있을까?

사실 각각의 질량이 제시되지 않으면 대답할 수 없다. 철 1g과 실 1kg이라면 당연히 실이 더 무거울 것이다. 그리고 '철 1kg과 실 1kg 중 어느 쪽 질량이 더 큰가?'라는 질문이라면 대답은 당연히 '둘 다 같다'가 된다.

하지만 왠지 철의 질량이 더 큰 것처럼 느껴지지 않는가? 이는 '같은 부피당 질량'을 떠올렸기 때문이다.

한편, 공기 중에서는 철보다 실의 부력이 더 크므로 윗접시저울의 양쪽에 철 1kg과 실 1kg을 올리면 철이 든 접시가 아래로 내려간다.

밀도란 무엇인가?

밀도란 단위 부피 1㎤당 물체의 질량을 뜻한다. 기체와 같이 1㎤당 질량이 아주 작을 때는 1ℓ당 질량을 쓰기도 한다.

그럼 어떤 물질인지 알 수 없는 여러 가지 고체 물체의 1㎤당 질량은 어떻게 구할 수 있을까?

먼저 물체의 질량과 부피를 잰다. 예를 들어 393g에 50㎤인 물체가 있다고 하면, 1㎤는 393÷50=7.86(g)이 된다.

즉, 질량÷부피=1㎤당 질량=밀도다.

1㎤당 χg은 χg/㎤라고 표시하고, 'χ그램 퍼 세제곱센티미터'라고 읽는다. 여기서 '/(퍼)'는 단위당 몇 개 혹은 얼마인가를 가리키는 기호다. 예를 들어 한 개에 200원 하는 연필은 200원/개이고, 한 달 용돈이 5,000원이면 5,000원/달이 된다.

밀도는 물질마다 고유한 값이 있다. 그러므로 밀도를 알면 그 물체가 어떤 물질로 이루어져 있는지 파악할 수 있다.

여러 가지 물질의 밀도(g/㎤)

아연	7.1	백금	21.4
알루미늄	2.7	마그네슘	1.74
이리듐	22.5	목재(편백)	0.49
칼륨	0.86	목재(흑단)	1.1 ~1.3
칼슘	1.5		
금	19.3	에탄올	0.79
은	10.5	휘발유	0.66 ~0.75
수은	13.6		
텅스텐	19.3	우유	1.03 ~1.04
철	7.9		
동	8.9	등유	0.80 ~0.83
나트륨	0.97		
납	11.3	메탄올	0.79
니켈	8.9	얼음	0.92
수크로스 (설탕의 주성분)	1.59	염화나트륨 (소금의 주성분)	2.17
염화나트륨 수용액 (20℃)	1%=1.005 5%=1.034 10%=1.071 15%=1.109 20%=1.148		

왼쪽의 〈여러 가지 물질의 밀도〉 표는 고체와 액체의 밀도를 나타낸다. 단위는 g/㎤이다.

물에 가라앉는 나뭇조각도 있다?

밀도가 물(1g/㎤)보다 큰 물질은 물속에 가라앉고, 작은 물질은 물에 뜬다. 액체 상태의 금속인 수은에 철을 넣으면 둥둥 뜨지만, 백열전구의 필라멘트에 쓰이는 텅스텐을 넣으면 가라앉는다.

일반적으로 나무는 물에 뜬다고 알려져 있다. 그런데 물에 가라앉는 나무도 있다는 사실을 알고 있는가?

앞에 나온 밀도 표를 다시 살펴보면, 물보다 밀도가 큰 목재가 있다. 바로 흑단이다. 흑단은 고급 가구나 지팡이 등의 재료로 쓰이는 나무다.

이름에 걸맞게 새까만 색을 띠며, 무게도 제법 묵직하고, 단단하다.

그 밖에 로즈우드, 자단 등도 물에 가라앉는다.

보통 나무에는 공기가 들어갈 틈이 있기 때문에 평균 밀도가 물보다 작아져서 물에 뜬다. 하지만 큰 압력을 가해 공기가 들어갈 틈을 줄이거나, 나무 틈새에 나뭇진을 채워 넣으면 나무도 물에 가라앉게 된다.

고체와 액체 중 어느 것이 밀도가 클까?

얼음이 물에 둥둥 뜨는 모습으로 알 수 있듯이 물은 액체 상태일 때보다 고체의 상태일 때의 밀도가 작다. 하지만 일반적으로는 같은 물질일 때 액체 상태보다 고체의 상태일 때의 밀도가 더 크다.

지금부터 물질을 구성하는 분자의 세계를 알아보자.

물질을 구성하는 분자 사이에는 서로 끌어당기는 힘(인력)이 작용한다. 고체는 분자 사이의 거리가 가깝고 인력이 커서 액체일 때보다 분자끼리 더욱 단단하게 결합하고 있다. 그래서 고체 분자는 각자 자기 위치에서 움직일 수 없다.

액체는 분자 사이의 거리가 더 떨어져 있고, 인력도 고체보다 약해서 분자가 비교적 자유로이 움직일 수 있다. 그래서 담는 용기의 모양에 따라 액체의 모양도 변한다.

액체 분자의 움직임이 비교적 자유로운 것은 액체 분자 1개의 운동 공간이 고체보다 조금 더 크기 때문이다. 고체는 분자가 빈틈없이 결합하고 있지만, 액체는 고체보다 분자 사이사이에 공간의 여유가 있다. 따라서 일반적인 물질이라면 고체의 밀도가 더 크기 때문에 액체에 넣었을 때 가라앉는다.

그렇다면 물은 어떨까? 얼음의 밀도는 0℃에서 0.9168g/㎤이다. 얼음이 녹으면 부피가 10% 정도 줄어들고, 0℃에서는 0.9998g/㎤인 물이 된다.

온도가 높아질수록 물의 밀도도 점점 커져서 3.98℃에서 최대치인 0.999973g/㎤가 된다. 온도가 3.98℃보다 높아지면, 이번에는 물의 밀도가 작아진다. 그래도 끓는점인 100℃일 때 물의 밀도는 0.9584g/㎤로 얼음의 밀도와 비교하면 여전히 5% 정도 큰 수치다.

물처럼 고체 상태일 때보다 액체 상태일 때 밀도가 더 큰 물질은 극소수가 있는데, 저마늄, 비스무트, 규소 등이 그렇다. 추운 겨울밤에 수도관이 터지는 현상은 물이 얼면서 부피가 커졌기 때문이다.

이렇게 물은 일반적인 물질과 다른 특성이 있기 때문에 수중 생물들이 무사히 겨울을 날 수 있게 해준다. 겨울이 되면 호수의 수면 온도가 차가운 바깥 공기에 닿아 내려간다. 이때 3.98℃까지는 물의 밀도가 커진다. 최대 밀도인 3.98℃의 물이 바닥에 가라앉으면, 밀도가 더 작은 0

℃에 가까운 물이 위로 떠오른다. 그리고 기온이 더 내려가면 수면 부분부터 얼음이 얼기 시작한다. 얼음의 밀도는 물보다 작으므로 수면에 둥둥 뜬다. 수면에 얼음 층이 생기면 얼음이 단열재 역할을 해서 살을 에는 듯한 추운 겨울밤에도 물이 바닥까지 얼지 않도록 막아 준다.

호수는 왜 표면부터 얼까?

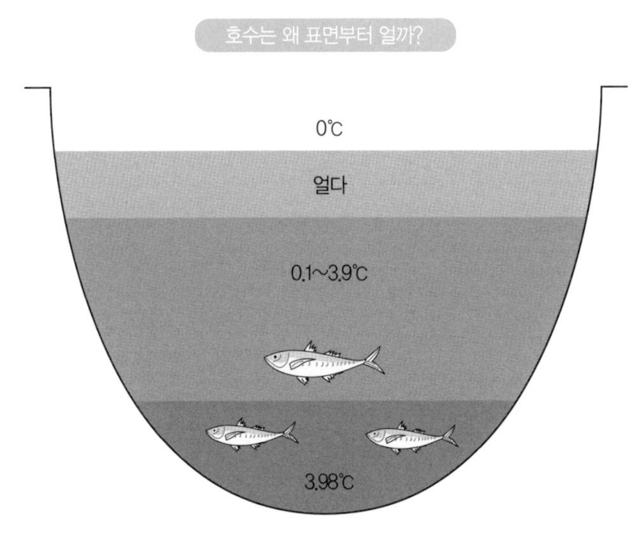

최대 밀도인 3.98℃의 물은 호수 바닥으로 가라앉고,
수면 근처의 수온은 0℃에 가까워진다.

만약 물도 일반적인 다른 물질처럼 온도가 내려갈수록 밀도가 커진다면? 그야말로 비극이 아닐 수 없다. 차가운 액체가 쌓이면서 바닥부터 얼기 시작할 테니 말이다. 단열재 역할을 해줄 얼음 층이 없어서 호수는 꽁꽁 얼어붙어 버리고, 결국 수중 생물은 살아남지 못할 것이다.

물 분자의 운동

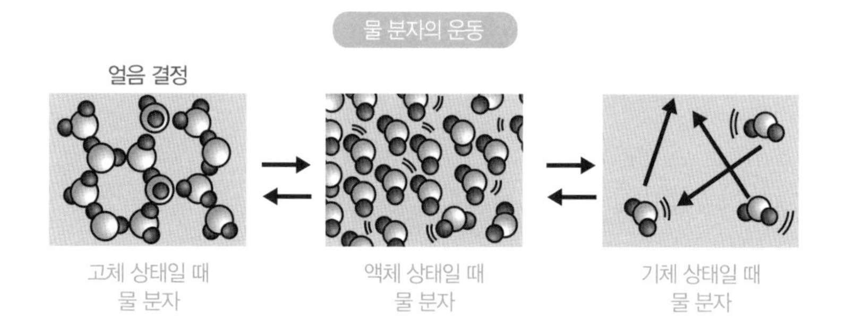

고체 상태일 때 물 분자 / 액체 상태일 때 물 분자 / 기체 상태일 때 물 분자

물이 얼 때 부피는 커지고 밀도가 작아지는 것은 규칙적으로 결합한 얼음의 물 분자 사이에 틈새가 많기 때문이다. 얼음이 녹아서 물이 되면, 그 결정 구조가 부분적으로 무너지면서 얼음 분자의 틈새 사이를 물 분자가 더 빼곡하게 메우기 때문에 얼음보다 밀도가 커진다. 그리고 온도가 더 올라가면 점점 활발해지는 물 분자의 열운동으로 분자의 운동 공간이 커져서 부피가 팽창하고 밀도는 작아진다. 이러한 원리로 3.98℃까지는 밀도가 커지다가 3.98℃가 넘으면 다시 밀도가 작아지는 것이다.

제2장

하늘이 파란 이유와 바다가 푸른 이유는 다르다

빛과 색

캄캄한 어둠에 적응되면 물체가 눈에 보일까?

내가 중학교 과학 교사로 있던 시절, '빛'에 대해 가르칠 때면 늘 먼저 이런 질문을 하곤 했다.

"빛(가시광선)이 전혀 없는 암흑 상태일 때 물체를 볼 수 있을까요?"

① 볼 수 없다.

② 눈이 어둠에 익숙해지면 볼 수 있다.

정답은 과연 무엇일까?

'빛이 전혀 없는 암흑'이라고 하면, 불가능할 것 같지만 밤에 불을 전부 끄고 옷장에 들어가 문을 닫는 것만으로도 충분하다.

실험 1 캄캄한 방에서도 어둠에 적응되면 물체가 눈에 보일까?

우리가 여러 가지 물체를 볼 수 있는 것은 물체에서 나오는 빛이 우리 눈에 들어오기 때문이다. 눈이 물체의 색깔이나 모양을 빛의 정보로 받아들이고, 뇌는 그 정보를 토대로 물체의 색깔과 모양을 인식한다. 이러한 뇌의 작용으로 우리는 물체를 볼 수 있다.

빛이 완전히 차단된 암흑 속에서는 물체에서 나오는 빛이 전혀 없으므로, 아무리 눈을 부릅뜨고 보아도 물체는 보이지 않는다. 그러므로 정답은 '볼 수 없다'이다. 만약 눈이 어둠에 적응되었을 때 물체가 희미하게 보인다면, 그것은 그곳에 미약하나마 빛이 있다는 의미이다.

눈에 보이는 물체에는 스스로 빛을 내는 물체, 빛을 반사하는 물체 두 종류가 있다.

태양이나 전등처럼 스스로 빛을 내는 물체를 광원이라고 부른다. 우리가 보는 것은 대부분 광원에서 나온 빛이 물체에 반사된 것이다. 달이 환해 보이는 것도 햇빛을 반사하기 때문이다.

반대로 빛(가시광선)이 전혀 없는 완전한 어둠 속에서는 당연히 물체에서 빛이 반사될 수 없다. 그래서 아무것도 보이지 않는다.

빛의 직진

광원에서 나온 빛은 장애물이 앞을 가로막지 않는 한 곧게 뻗어 나간다. 이렇게 빛이 곧게 뻗어 나가는 성질을 빛의 직진성이라고 부른다.

햇빛이 물체에 닿으면 물체의 방해를 받지 않은 빛만 직진한다. 따라서 땅에는 빛이 통과하지 않은 부분이 남는다. 이것이 바로 그림자가 생기는 원리다.

빛의 직진성은 이미 고대 그리스의 철학자이자 천문학자인 유클리드(B.C. 330~B.C. 275년)의 저서에도 언급되었을 만큼 아주 오랜 옛날부터 알려진 성질이다.

한편, 빛의 직진성이 성립하지 않을 때도 있다. 바로 빛이 아주 작은 구멍이나 틈새를 통과할 때다. 이때는 그림자 부분에도 빛이 휘어 들어가는 회절 현상을 관찰할 수 있다.

거울 속 물체는 어떻게 보이는 걸까?

_빛의 반사

빛이 물체에 닿으면 물체의 표면에서 빛의 일부가 반사된다. 이것을 빛의 반사라고 한다.

사람 A, 거울, 연필로 실험 2를 해 보자.

실험 2 거울 앞에 (가), (나), (다), (라), (마)의 위치를 정한다. 사람 A가 (가)에서 거울을 볼 때, 연필이 (나)~(마) 중 어디에 있어야 거울에 비친 연필을 볼 수 있을까?

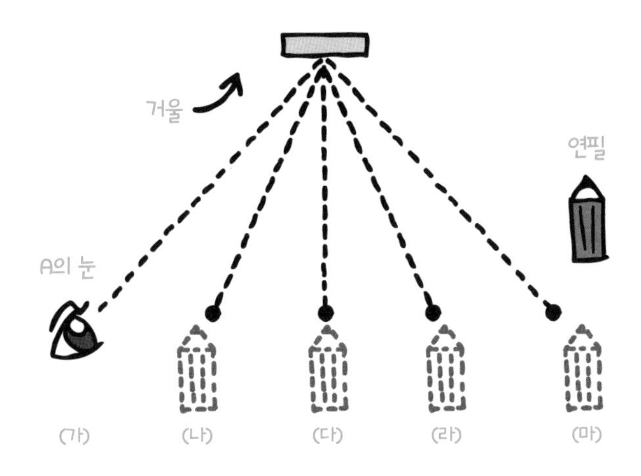

A가 ㈎에 있을 경우, 연필은 ㈒에 있어야 거울에 비쳐 A에게 보인다. 반대로 A가 ㈒에 있을 경우에는 연필이 ㈎에 있어야 거울에 비친다.

A가 ㈏에 있을 경우, 연필은 ㈑에 있어야 거울에 비치고, A가 ㈑에 있을 경우에는 연필이 ㈏에 있어야 보인다.

거울 표면에 수직으로 내린 선(법선)과 입사광, 반사광이 이루는 각을 각각 입사각, 반사각이라고 한다. 어떤 입사각이든지 입사각과 반사각의 크기는 항상 똑같다. 이를 반사의 법칙이라고 부른다.

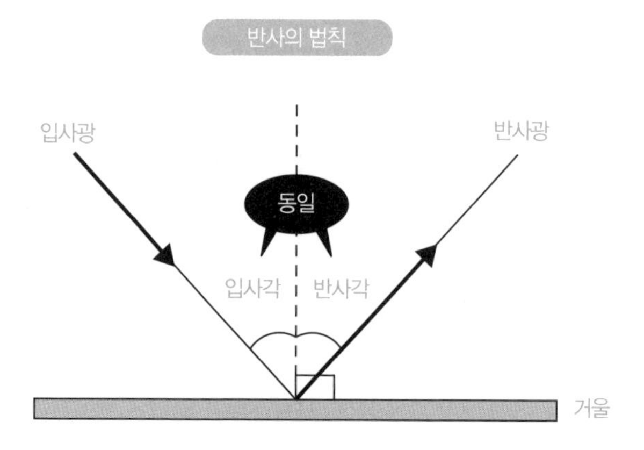

거울에 비치는 물체는 마치 거울의 맞은편에 있는 것처럼 보인다. 위 그림처럼 물체에서 나온 빛 중 거울을 향하는 빛은 거울 표면에서 반사의 법칙에 따라 반사된다.

우리는 눈에 들어오는 빛의 방향에 물체가 있다고 느끼기 때문에, 위 그림처럼 거울을 기준으로 원래의 물체와 대칭되는 위치에 물체가 있는 것처럼 보인다. 이때 거울에 보이는 물체를 물체의 상이라고 한다. 실제로 물체가 그곳에 있는 것이 아니라 그 장소에 있는 것처럼 거울에 비쳐 보이는 것이므로 그 물체의 상은 허상이라고 부른다.

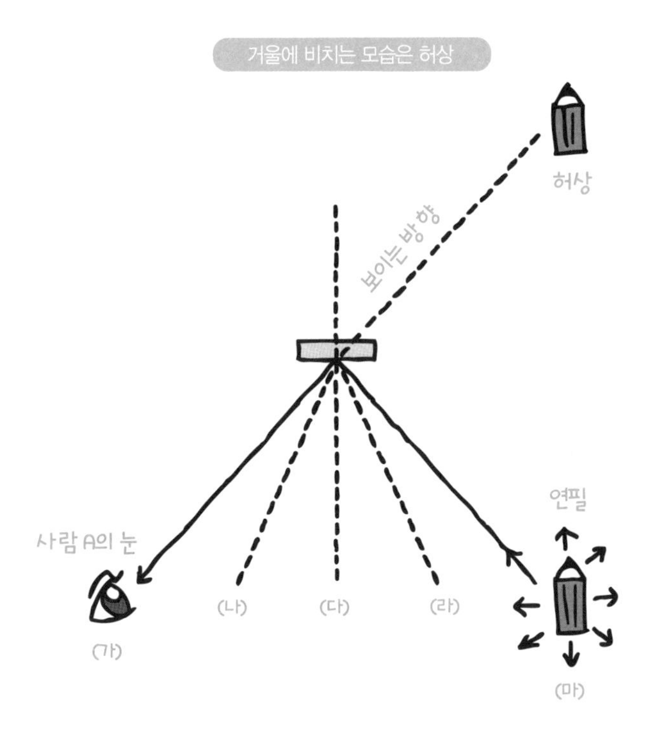

정반사와 난반사

물체에 닿는 평행광선 줄기가 일정한 방향으로 반사되는 것을 정반사라고 말한다. 표면이 매끄럽고 평평한 금속이나 거울이 정반사하는데, 이때 반사면은 보이지 않고, 반사면과 대칭되는 곳에 생긴 물체의 상이 보인다.

반대로 종이같이 표면이 매끄럽지 않은 물체는 같은 방향에서 빛이 들어와도 여러 방향으로 반사된다. 이러한 반사를 난반사라고 부른다. 난반사하는 표면은 다양한 각도로 배치된 작은 평면으로 이루어져 있다고 볼 수 있다. 이때는 난반사하는 표면이 보이고 허상은 보이지 않는다.

울퉁불퉁한 표면에서 일어나는 빛의 난반사

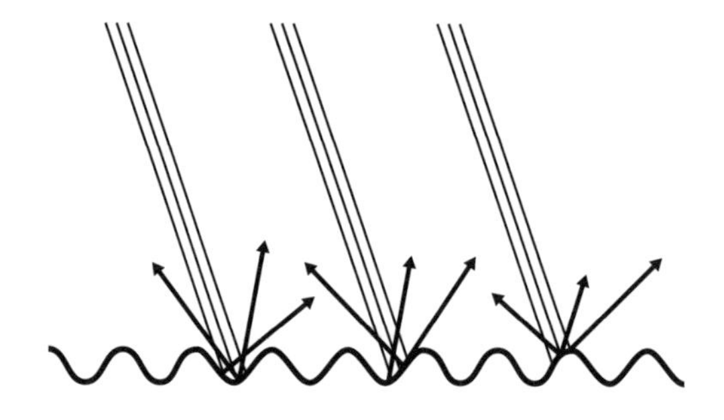

물이 있을 경우와 물이 없을 경우에 컵 안의 동전이 왜 다르게 보일까?

_빛의 굴절

투명한 물체의 평면에 빛이 닿았을 때 반사 현상만 일어나는 것이 아니다. 예를 들어 공기 중에서 물이나 유리에 빛이 닿으면 반사하지 않고 내부를 그대로 통과하는 다른 광선이 생긴다. 공기와 물 · 유리가 닿는 경계면에 수직으로 들어간 빛은 그대로 직진하지만, 비스듬히 들어간 빛은 진행

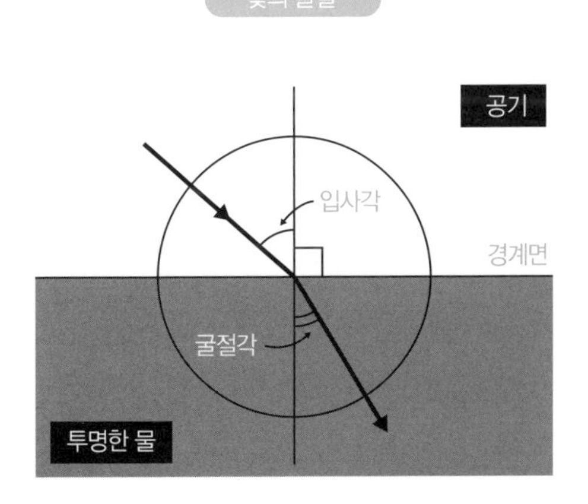

방향이 바뀐다.

이러한 현상을 빛의 굴절이라고 부른다. 또, 경계면에 그은 수직선과 입사광, 굴절광이 이루는 각을 각각 입사각, 굴절각이라고 한다.

실험 3 먼저 사람 A가 커피잔에 10원짜리 동전을 넣고, 동전이 보이지 않는 곳까지 떨어져서 앉는다. 그리고 나서 사람 B가 커피잔에 물을 붓는다. 과연 A는 잔 안에 든 동전을 볼 수 있을까?

커피잔에 물을 부으면 서서히 동전이 보이게 된다. 잔에 물이 없을 때는 동전에서 반사된 빛이 아래 그림 (a)의 화살표처럼 뻗어 나가다가 커피잔 가장자리에 막혀서 사람 A의 눈에 도달하지 못한다. 하지만 커피잔에 물을 부으면 그림 (b)처럼 수면에서 빛이 굴절되어 동전에서 반사된 빛이 사람 A의 눈에 들어오게 된다.

커피잔 속 동전이 보이는 원리

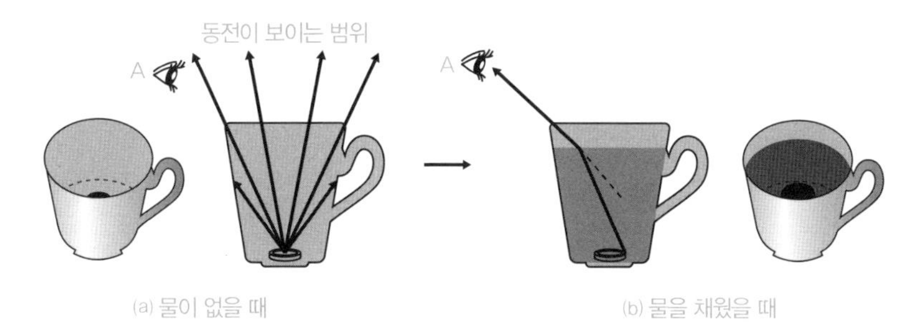

(a) 물이 없을 때 (b) 물을 채웠을 때

물에서 공기 중으로 나가는 빛은 아래 그림처럼 입사각이 점점 커지고, 굴절각이 90°가 되면 굴절광이 수면과 일치한다. 이때의 입사각을

임계각과 전반사

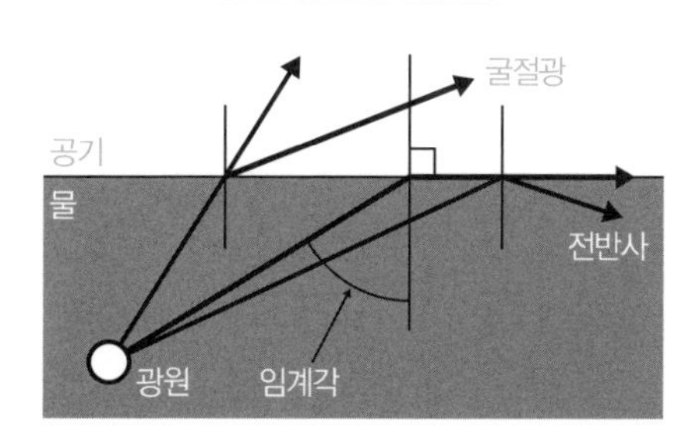

임계각이라고 부른다. 입사각이 임계각보다 커지면 공기 중으로 나가는 빛이 사라지는 전반사가 일어난다.

물에서 공기로 진행하는 빛의 임계각은 약 49°, 유리에서 공기로 진행하는 빛의 임계각은 약 43°이다.

물속의 물고기가 보는 하늘

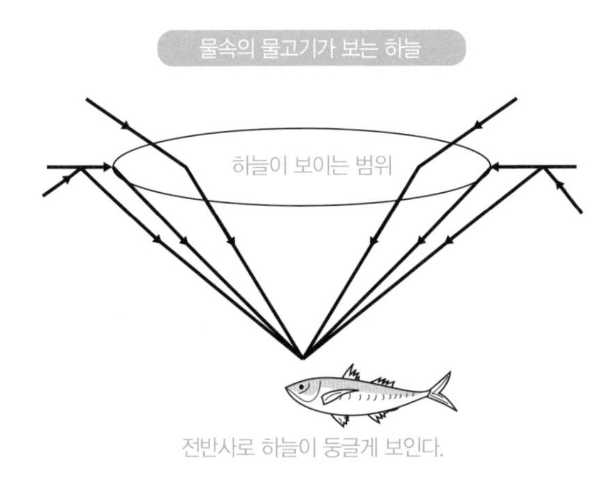

전반사로 하늘이 둥글게 보인다.

수영장의 물속에서 위를 쳐다보면 하늘이 둥글게 보인다. 입사각이 약 49° 이상이 되면 전반사가 일어나서 그 각도 범위에서만 하늘이 보이기 때문이다. 전반사가 일어난 부분은 거울처럼 은색으로 보이는데, 물속에 사는 물고기의 눈에도 이렇게 하늘이 둥글게 보인다.

다이아몬드의 임계각은 유리보다 훨씬 작은 24.4°이다. 즉, 작은 입사각이라도 전반사가 일어난다. 이것이 바로 다이아몬드가 그토록 반짝반짝 빛나는 이유 중 하나다.

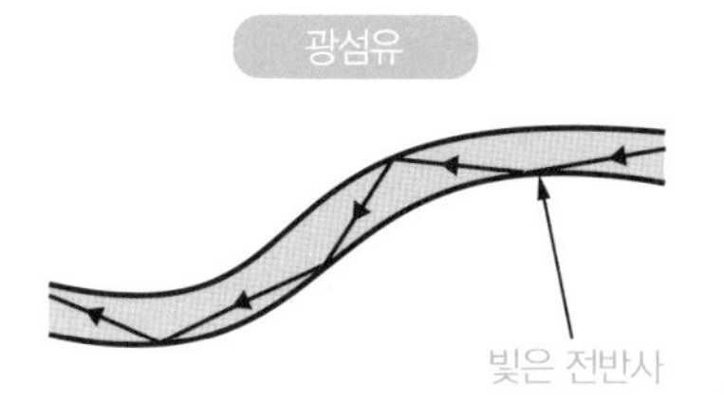

전반사를 이용하면 빛의 세기가 줄어들지 않고도 방향을 바꿀 수 있다. 광섬유가 바로 이 원리를 이용했는데, 광섬유가 휘어 있어도 빛은 전반사를 반복하며 앞으로 나아간다.

실험 4 물이 담긴 냄비에 무색투명한 가늘고 긴 컵을 넣는다. 수면 아래 점 C를 응시하면서, 보는 위치를 A에서 B로 옮겨 본다. 컵은 과연 어떻게 보일까? 실험 장소가 과학실이라면 물이 든 비커에 시험관을 넣어서 실험해 보자.

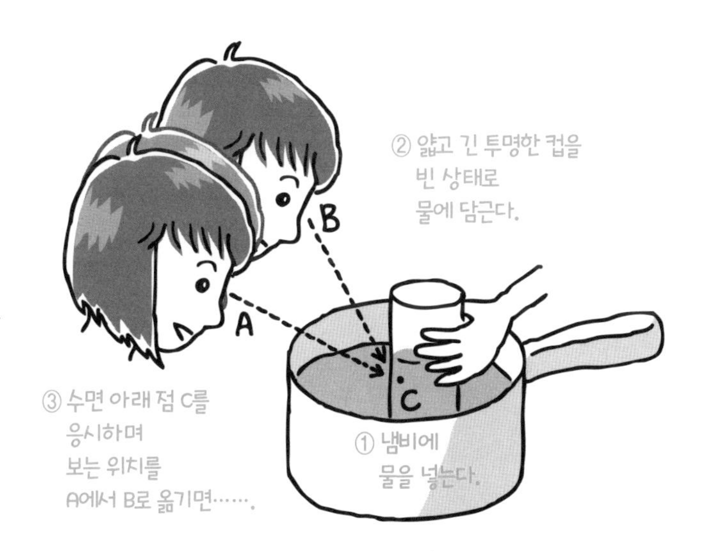

실험 결과, 보는 위치에 따라 컵이 은색으로 보인다. 전반사가 일어나 수면 자체가 마치 거울처럼 보이기 때문이다. 이때 컵 안에 물을 부으면 점점 은색이 사라진다. 전반사에 공기가 관여한다는 증거다.

아래 그림을 보자. B의 위치에서 컵을 보면 컵이 은색으로 보인다. 그것은 컵 표면에서 전반사가 일어났기 때문이다.

수족관에서 대형 수조를 들여다보면 수조 바닥에서 공기 방울이 보글보글 올라오는 모습을 관찰할 수 있다. 공기 방울은 거품처럼 위로 올라가는데, 이때도 전반사가 일어나 물방울은 마치 은방울처럼 보인다.

왜 은색으로 보일까?

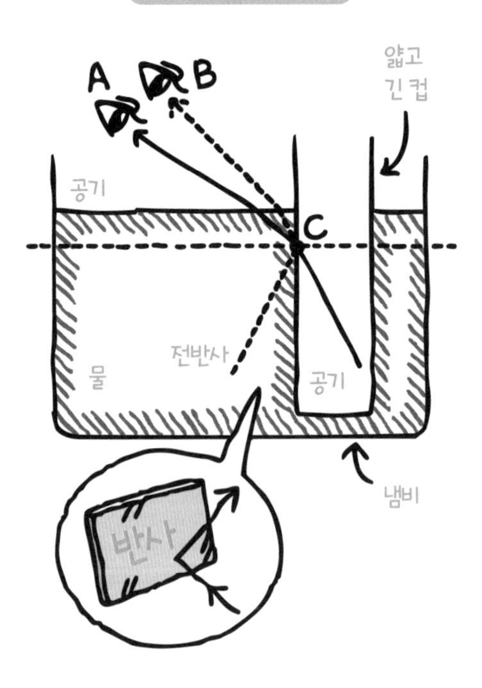

굴절은 광속도의 차이 때문에 일어난다

야구 연습을 하던 중에 공이 운동장 옆에 있는 논으로 날아가 버렸다. 발이 푹푹 빠져서 걷기도 힘든 논에 들어가 공을 주워 와야 한다. 다음 그림에서 공까지 가는 제일 빠른 경로는 어느 것일까?

어느 경로가 제일 빠를까?

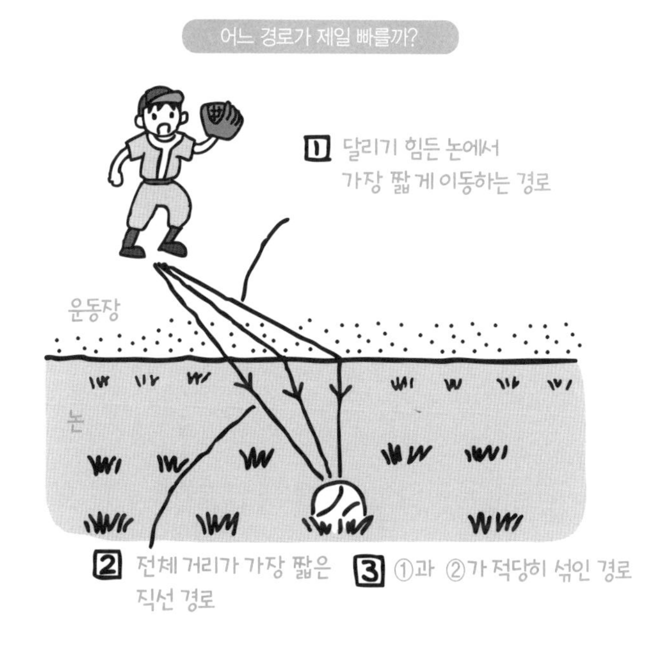

①은 논에서 움직이는 거리가 제일 짧다. ②는 움직이는 전체 거리가 가장 짧다. ③은 ①과 ②의 중간이다.

①은 달리기 쉬운 구간이 제일 긴 것이 단점이고, ②는 달리기 힘든

구간이 제일 긴 것이 단점이다. 공이 있는 곳에 도착하는 시간이 제일 짧은 경로가 무엇인지 계산해 보면 그 결과는 ③이 된다.

빛도 이와 마찬가지로 공기보다 물이나 유리를 지날 때 속도가 더 느리다. 그래서 물이나 유리 속에 들어갈 때 빛이 꺾이는 빛의 굴절이 나타난다.

위 실험에서 사람이 달릴 때와 빛과 파동의 진행이 모두 같은 현상이다. 빛의 굴절은 물이나 유리에서 속도가 느려지는 빛이 목적지에 빨리 다다르기 위해 가장 가까운 방향으로 꺾인다고 생각하면 쉽다.

진공 상태일 때 빛속도는 약 30만㎞/s이고, 공기 중에서는 빛의 파장에 따라 근소한 차이가 있지만 0.03% 정도 느려진다. 물속에서 빛속도는 약 22.5만㎞/s로 진공 상태일 때보다 25% 정도 느려진다. 유리에서 빛속도는 약 20만㎞/s로 진공 상태일 때의 3분의 2, 즉 33% 정도 느려진다.

공기 중에 있던 빛이 물에 들어오면 입사각이 굴절각보다 커진다. 반대로 물속에 있던 빛이 공기 중으로 나갈 때는 입사각이 굴절각보다 작아진다.

이처럼 물질에 따라 빛의 굴절 각도가 달라지는데, 굴절 정도는 굴절률이라는 수치로 나타낸다. 굴절률은 공기 중에서의 빛속도와 굴절이 일어나는 물질에서의 빛속도 사이의 비율이다.

돋보기로 형광등 불빛을 모으면 어떤 모양이 될까?

렌즈는 유리와 같이 투명한 물체의 양면을 곡면으로 다듬어서 만든다. 대부분 평면과 구면 모양으로 되어 있지만, 최근에는 원기둥 같은 모양도 쓰이고 있다.

렌즈의 원리는 공기와 유리의 경계면에서 일어나는 빛의 굴절을 이용한 것이다.

돋보기, 카메라, 쌍안경 등 우리 주변에는 렌즈를 이용한 광학 제품이 수두룩하다. 렌즈의 종류에는 가운데가 두꺼운 볼록 렌즈와 가운데가 얇은 오목 렌즈가 있다.

두 구면의 중심을 잇는 직선을 렌즈의 광축, 빛이 모이는 광축 위의

점을 초점, 렌즈의 중심과 초점 사이의 거리를 초점 거리라고 부른다.

양초에 불을 붙인 후 초점 거리가 5~15㎝ 정도인 위치에 돋보기를 대면, 돋보기의 초점보다 약간 뒤쪽에 세운 흰 종이에 초의 상이 거꾸로 뒤집힌 모양으로 나타난다. 이 상은 거울에 의한 허상과 달리 실제로 빛이 그곳에 모이는 것이므로 실상이라고 부른다.

실험 5 돋보기로 종이를 태워 본 경험이 있는가? 돋보기로 햇빛을 모으면 종이 위에 둥근 점이 생긴다. 그럼 돋보기로 형광등의 빛을 모으면 어떻게 될까?

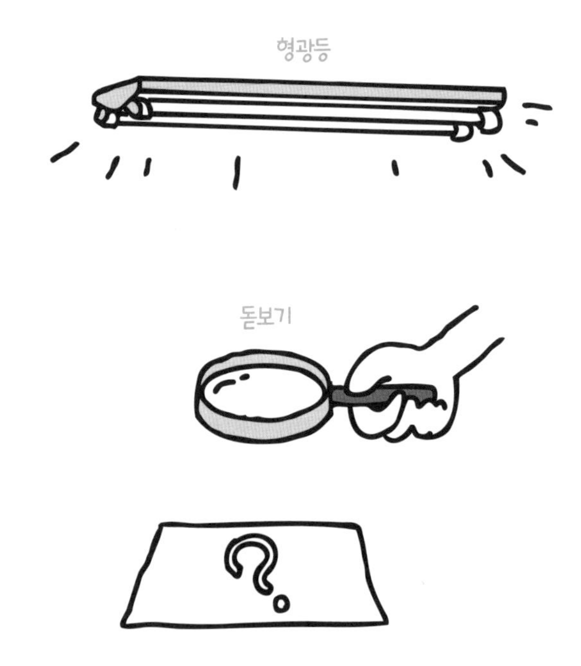

돋보기(볼록 렌즈)로 햇빛을 모을 때 둥근 점이 생기는 것은 해의 실상이 생겼기 때문이다. 만약 일식으로 해가 반쯤 가려졌다면, 볼록 렌즈에 모인 상 또한 반쯤 가려진 모양이 된다. 이와 마찬가지로 볼록 렌즈를 사용해서 형광등의 빛을 모으면 그 상은 형광등 모양이 된다.

한편 볼록 렌즈로도 허상을 만들 수 있다. 물체가 볼록 렌즈의 초점 위에 있으면 실상은 렌즈 앞쪽으로 무한하게 뻗어 나가서 눈에 보이지 않는다. 물체가 초점보다 안쪽에 있으면 허상이 나타난다. 이때 허상은 거꾸로 뒤집히지 않고 똑바른 모양으로 나타나며, 실물보다 크게 보인다. 돋보기로 신문의 글자를 확대해서 읽는 원리가 바로 허상을 보는 것이다.

볼록 렌즈로 만드는 실상과 허상(F1, F2는 초점)

물체가 초점보다 바깥에 있는 경우

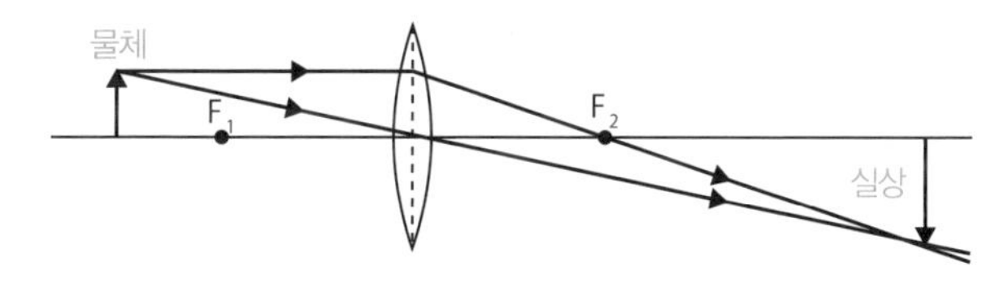

물체가 초점보다 안쪽에 있는 경우

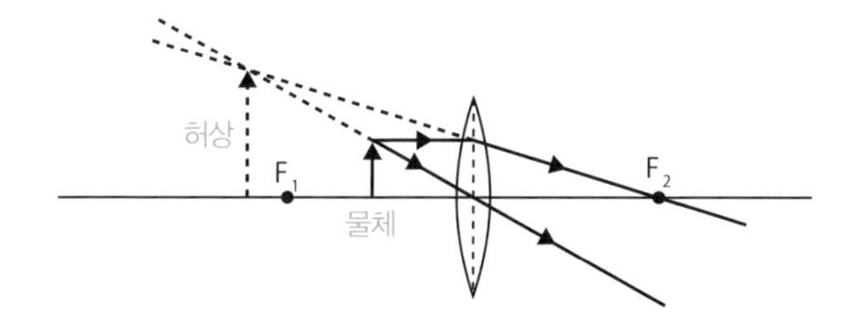

둥근 수조 속의 금붕어는 네모난 수조 속의 금붕어보다 몸집이 크게 보이는데 이것이 바로 그러한 원리이다.

오목 렌즈로 만드는 허상

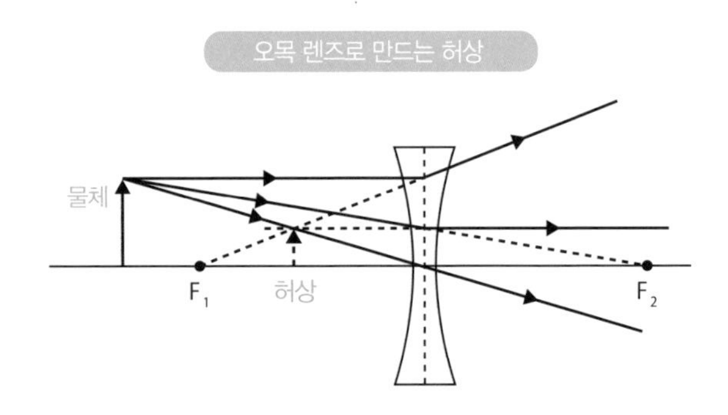

오목 렌즈로는 물체가 어느 위치에 있든지 허상이 생기며, 오목 렌즈에 의한 상은 실물보다 작다.

렌즈는 유리뿐 아니라 플라스틱, 물, 얼음으로도 만들 수 있다. 스포이드로 유리판에 물을 한 방울 떨어뜨리면, 볼록한 물방울이 맺힌다. 그것을 들고 신문을 보면 글자가 다른 곳보다 크게 보인다.

또, 얼음으로 만든 볼록 렌즈를 검은색 종이 위에 가져가 햇빛을 모으면 연기가 나면서 종이가 타기 시작한다. 얼음으로 만든 렌즈로도 종이를 태울 수 있다는 게 정말 신기하지 않은가.

05 무지개는 어떻게 생길까?
_빛의 분산

삼각기둥 모양의 프리즘에 햇빛을 비추면 빛이 굴절하면서 빨간색에서 보라색까지 일곱 가지 무지개 빛깔로 나뉘어 보인다. 이렇게 다양한 빛깔이 나는 것은 빛의 파장에 따라 굴절률이 달라지기 때문이다. 파장이 짧은 보라색이 파장이 긴 빨간색보다 굴절률이 높다. 그래서 파장이 긴 순서대로 빨간색부터 보라색까지 가시광선이 연속적으로 정렬된다. 이 현상을 빛의 분산이라고 한다.

프리즘을 통과하며 생기는 색띠

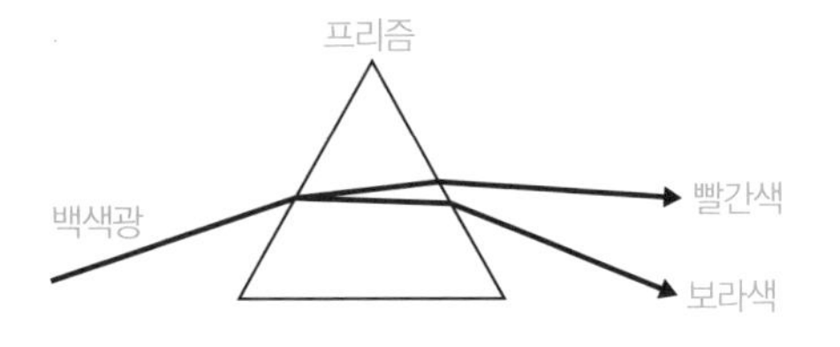

실험 6 날씨가 화창한 날, 오후 늦게 밖에 나가서 의자 위에 올라선 후 해를 등지고 수도꼭지에 호스를 연결하여 물을 가늘게 뿌려 보자.

하늘에 걸린 무지개는 공기 속의 수많은 물방울 입자에 빛이 굴절되면서 생기는 색띠다. 그 기본 원리는 프리즘에서 색띠가 생기는 것과 같다.

해를 등지고 서서 공원 잔디에 설치된 스프링클러나 분수대의 물보라를 관찰해도 무지개를 볼 수 있다.

무지개가 생기려면 햇빛과 미세한 물방울이 필요하다. 비가 내린 직후에는 대기 중에 물방울이 남아 있는데, 이 물방울에 햇빛이 닿으면 물방울이 프리즘 역할을 하면서 무지개가 생긴다.

물방울에 닿은 햇빛이 굴절하고 한 번 반사된 뒤 다시 굴절하며 나타나는 게 무지개다. 이처럼 물방울 하나에서 굴절된 빛은 파장에 따라 다른 각도로 뻗어 나가고, 그렇게 많은 물방울에서 굴절된 빛이 우리 눈에 들어오면서 무지개가 보이는 것이다.

무지개는 해를 등진 반대쪽에서 볼 수 있는데, 무지개의 제일 윗부분과 해의 고도가 이루는 각은 42도다. 제일 위쪽이 빨간색, 제일 아래쪽이 보라색을 띤다. 이것이 무지개가 빨간색에서 보라색의 순서로 보이는 까닭이다.

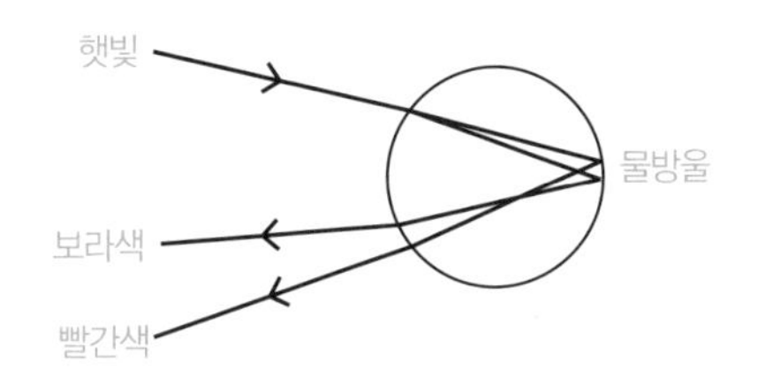

또한 무지개는 태양의 고도에 따라 보이는 위치가 다르다. 태양의 고도가 높은 한낮에는 무지개의 위치가 낮고, 태양의 고도가 낮은 아침저녁 무렵에는 무지개의 위치가 높다.

우리가 흔히 보는 무지개가 반원 모양인 이유는 나머지 부분이 땅에 가려졌기 때문이다. 하늘 위에서 보는 무지개나 구름 위에 뜬 무지개는 둥근 원 모양이다.

무지개 바깥쪽에 무지개가 한 개 더 생기기도 하는데, 이를 제2차 무지개라고 부른다. 우리가 흔히 보는 무지개는 제1차 무지개다. 제2차 무지개는 색의 순서

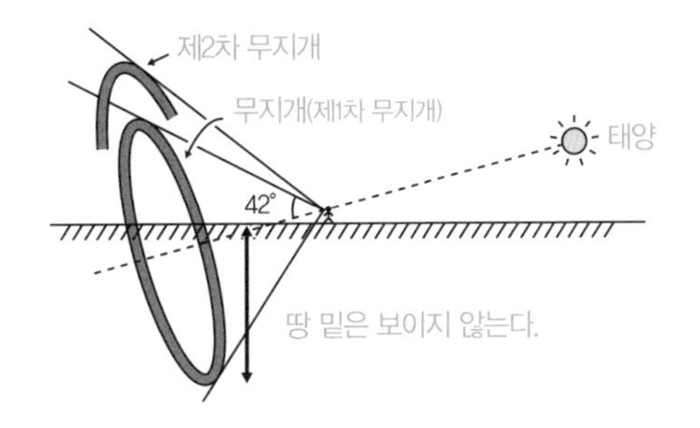

가 제1차 무지개와 반대로 나타나 바깥쪽이 보라색이고 안쪽이 빨간색이다.

다양한 빛깔의 근원_빛의 삼원색

사람이 여러 가지 색깔을 인식할 수 있는 것은 눈의 망막에 있는 시각 세포가 빨간색, 초록색, 파란색 빛을 감지하기 때문이다. 시각 세포에 감지된 빛의 정보가 뇌로 전달되어 처리되면서 우리는 색을 인식할 수 있게 되는 것이다.

이 빨간색, 초록색, 파란색을 빛의 삼원색이라고 부르며,이 빛의 삼원색을 모두 똑같이 섞으면 흰색이 된다. 또한 삼원색의 조합에 따라 여러 가지 색을 만들 수 있다. 예를 들어 빨간색과 초록색을 섞으면 Y: 노란색(Yellow)이 되고, 초록색과 파란색을 섞으면 C: 청록색(Cyan), 파란색과 빨간색을 섞으면 M: 자홍색(Magenta)이 된다.

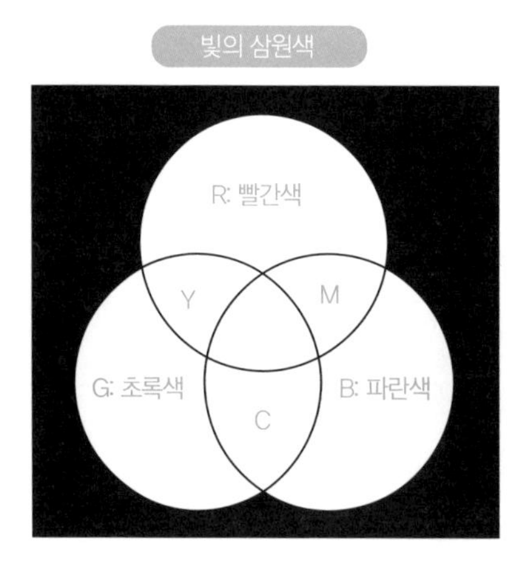

하늘은 왜 파랄까?

물체의 색깔은 태양이나 전등 같은 광원이 물체에 닿을 때 흡수되지 못하고 반사된 빛으로 정해진다.

태양과 전등의 백색광은 파장이 긴 빨간색에서 파장이 짧은 보라색에 이르는 가시광선의 다양한 파장이 모인 빛이다. 백색광이 물체에 닿으면 특정 색깔의 빛이 흡수 또는 반사되면서 물체가 색을 띠게 된다.

그렇다면 하늘은 수많은 색 중 왜 파란색으로 보이는 것일까. 그 이유는 바로 대기 중의 질소 분자와 산소 분자 등이 햇빛과 충돌하면서 빛이 흩어지기 때문이다. 파장이 짧은 파란색과 보라색 빛이 더 흩어지기 쉽고, 그 흩어진 빛의 일부가 우리 눈에 들어와 파랗게 보이는 것이다.

실험 7 물이 든 페트병을 준비하고 방을 어둡게 한다. 백색 LED 손전등으로 페트병 밑을 비춘다. 젓가락 끝에 우유를 묻혀 위에서 내려다보면서 페트병 입구 주변에 붉은 빛이 나타날 때까지 한 방울씩 떨어뜨리며 휘저어 본다.

이 실험에서는 우유의 미세한 입자가 대기 중의 분자 역할을 맡아 빛을 산란시킨다. 그리고 손전등의 불빛은 '햇빛', 페트병에 든 물은 '지구

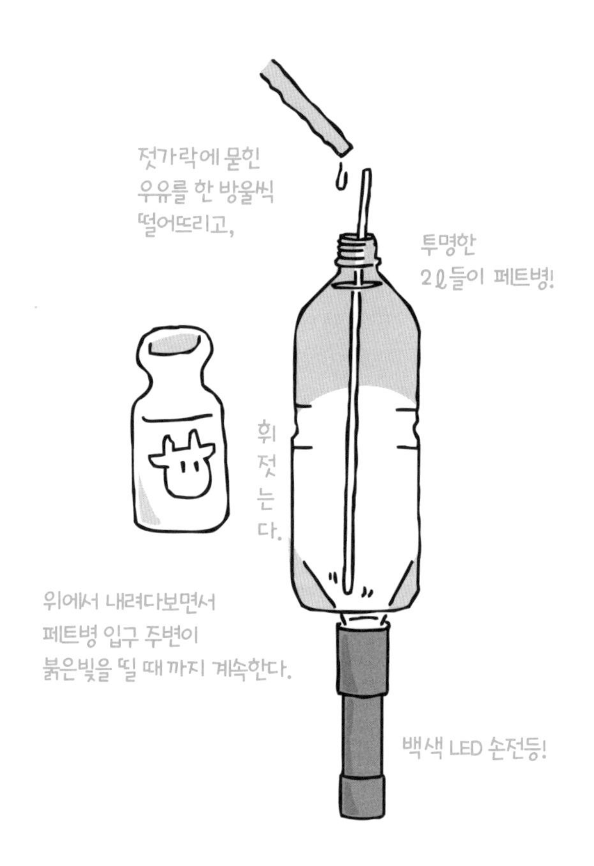

의 대기'의 역할을 한다.

실험 결과 손전등으로 비춘 페트병 밑부분은 푸르스름해지지만, 페트병 입구 주변은 점점 붉게 변한다. 페트병 밑부분은 파란색 계열의 빛이 우유 입자와 충돌해서 주변으로 흩어지기 때문에 푸르스름하게 보이는 것이다. 이 실험으로 낮에 하늘이 파랗게 보이는 이유를 확인할 수 있다.

하늘이 낮에는 파랗고 저녁에는 붉은 이유

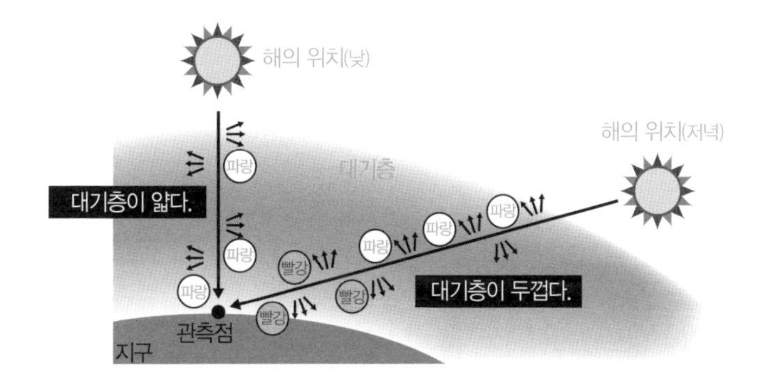

반면 빨간색 빛은 파장이 길어서 도중에 쉽게 흩어지지 않고 긴 거리를 나아간다. 그래서 페트병 입구 근처가 점점 붉은빛을 띠는 것이다.

저녁노을이 붉은 이유도 이와 같다. 저녁 무렵에 우리가 보는 해는 지평선에 가까이 있기 때문에 대기를 통과하는 빛의 경로가 낮보다 훨씬 길어진다. 그래서 우리 눈에 닿을 때쯤이면 파란색 빛은 전부 흩어져 버리는 산란 현상이 일어나 파장이 긴 붉은색 빛만 보이는 것이다.

만약 지구에 대기가 없다면 대기에 의한 산란이 일어나지 않으므로 낮에도 하늘이 새까맣게 보일 것이다. 달 탐사 위성 '셀레네'가 낮에 달의 표면에서 촬영한 칠흑같이 어두운 하늘처럼 말이다.

바다는 왜 푸를까?

'바다가 푸른 이유와 하늘이 파란 이유는 같다'고 많이 알려져 있지만 사실은 그렇지 않다.

하늘이 파란 것은 빛과 충돌한 공기 중의 미세 분자들이 흔들리면서 파란색 빛이 흩어지기 때문이다. 그 분자들은 물 분자보다 100배 정도 크다. 하지만 물 분자만으로 가득한 바다는 빛이 거의 흩어지지 않으니 무색투명해야 한다. 그런데 왜 바다는 푸르게 보이는 걸까?

바로 물 분자가 빨간색 파장을 흡수하기 때문이다. 그 증거로, 한 실험 결과 물 분자에서 660㎚(나노는 10억 분의 1)의 빨간색 파장이 관측되었다. 또 3m 깊이의 물통 속에서 빨간색 파장의 투과율은 44%밖에 되지 않았다.

물 분자가 빨간색 파장을 흡수하는 것은 물 분자 속에 있는 수산기

(-OH)의 진동 때문이다. 한편 중수(D_2O. 일반적인 물은 경수이고, 중수는 중수소와 산소가 결합한 물이다.)는 가시광선이 아닌 적외선을 흡수하므로 무색투명하게 보인다.

빨간색 빛이 흡수되면 빨간색과 보색 관계인 청록색이 남는다. 빛을 구성하는 색깔은 저마다 보색 관계에 있는 짝이 있고, 짝끼리 섞이면 흰색이 된다. 반대로 보색 관계에 있는 빛의 한쪽이 흡수되면 남은 빛만 보이게 된다. 그래서 바닷물에 빨간색 빛이 흡수되고 남은 청록색 빛이 먼지나 플랑크톤 등 물속의 물질과 충돌해 흩어지면서 우리 눈에 들어오게 되는 것이다.

쉽게 말하자면 바다가 푸르게 보이는 이유는 첫째로 바다 표면에 하늘색이 반사되기 때문이고, 둘째로 위에서 설명한 것처럼 '빨간색이 흡수되고 남은 청록색이 물속의 물질에 흩어지면서 눈에 들어오는 현상' 때문인 것이다.

하지만 간혹 아주 투명한 바다에 청록색 빛을 산란시킬 만한 물질이 없다면 빛이 거의 반사되지 않고 깊게 내리쬐기 때문에 바닷물이 검게 보이기도 한다.

빛은 전자기파

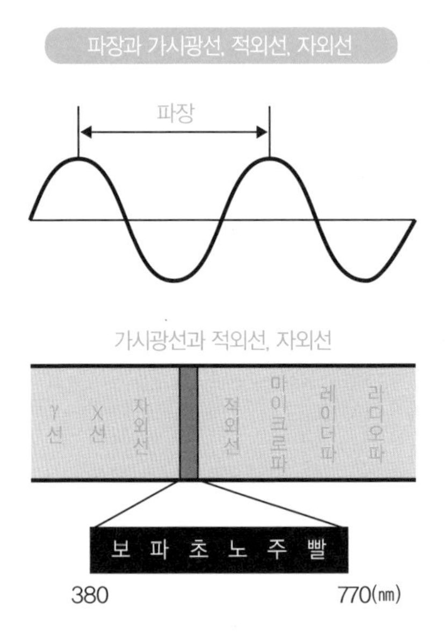

보통 '빛'이라고 하면 가시광선과 적외선, 자외선을 모두 합친 전자기파를 가리킨다. X선과 γ선(감마선)도 전자기파에 속한다. 그 중 사람의 눈에 보이는 빛을 가시광선이라고 부른다.

전자기파에서 마루와 마루 사이의 거리를 파장이라고 하는데, 가시광선은 파장이 380~770㎚인 전자기파다. 그중에서 보라색과 파란색의 파장이 가장 짧고 빨간색이 가장 길다.

우리 눈에 보이지 않는 적외선과 자외선

적외선은 이름 그대로 빨간색보다 바깥쪽에 있는 파장이 긴 빛이고, 자외선은 보라색의 바깥쪽에 있는 파장이 짧은 전자기파로, 적외선과 자외선은 눈으로 직접 볼 수 없다.

적외선은 물체를 데우는 성질이 강해서 열선이라고도 불리며, 전기난로나 조리기구, 텔레비전 리모컨 등에 쓰인다.

리모컨 앞부분을 랩으로 감싸고 버튼을 누르면 텔레비전이 켜지지만, 알루미늄 포일로 싸거나 손으로 가리면 켜지지 않는다. 알루미늄 포일이나 손이 적외선을 차단하기 때문이다. 하지만 거울이나 벽을 향해 리모컨을 누르면 적외선이 반사되어 텔레비전 전원이 켜진다.

자외선은 화학 변화를 일으키고, 살균 작용을 한다. 이런 자외선에 노출되면 화상을 입기도 한다.

오존층 파괴로 증가하는 자외선 B

자외선은 생물에 미치는 영향에 따라 크게 A, B, C 세 가지 종류로 나뉜다. 파장이 짧은 순서대로 나열하면 C, B, A 순이다. 빛은 파장이 짧을수록 에너지가 크다.

햇빛 속에 15% 정도 포함된 자외선 A(320~380㎚)는 많은 양이 지표면에 닿는다. 몸속에서 비타민 D를 만드는 데 필요한 자외선이기도 하다. 자외선 B(280~320㎚)는 오존층을 통과할 때 대부분 흡수되기 때문에 땅에는 거의 도달하지 않는다. 자외선 C(200~280㎚)는 지상 40㎞ 이상의 상공에서 대기에 모두 흡수되어 땅에는 전혀 도달하지 않는다.

46억 년 전에 지구가 탄생한 후, 10억 년이 지나자 바다가 생겼고 그 속에서 생물이 탄생했다. 하지만 그 후 32억 년 동안 생물은 육지로 올라올 수 없었다. 생물에게 해로운 자외선 B에 지표면이 무방비 상태로 노출되어 있었기 때문이다. 하지만 자외선 B가 바닷물에 흡수되면서 다행히 바다에 사는 생물에는 그 영향을 미치지 않았던 것이다.

생물이 육지로 올라오게 된 것은 지구가 탄생한 지 약 42억 년이 지났을 때다. 바닷속 생물이 광합성을 일으켜 산소가 충분해졌고, 그 산소를 바탕으로 한 오존층이 대기권에 생겨나서 자외선 B를 어느 정도 흡수했기 때문이다. 이처럼 지구에 최초의 생명이 탄생한 후 육지에서 생활하게 될 때까지 32억 년이라는 긴 세월이 걸렸다.

오존층이 줄어들면 땅에 닿는 자외선 B가 늘어난다. 자외선 B는 동식물의 성장을 방해하는 등 생태계에 영향을 주고, 면역 기능 저하, 세포 내 DNA(유전자) 파괴, 피부 염증, 선번(일광화상), 피부암 유발 등 우리 인체에도 나쁜 영향을 끼친다.

또한 자외선에 장시간 노출될 경우 피부의 초기 노화(주름, 검버섯)를 앞당기기도 한다. 그 밖에도 호주나 칠레에서 자외선이 눈에 백내장과 실명 등을 초래한 사례도 나타난 바 있다.

제3장

소리를 눈으로 본다?

소리와 진동

진동수와 진폭

여러 가지 악기에는 공통점이 있다. 바로 소리를 낼 때 떨림 현상이 나타난다는 것이다.

북을 두드리면 팽팽한 가죽이 떨리고, 기타나 바이올린을 연주하면 현이 떨린다. 이렇게 떨리는 현상은 물체가 힘을 받았을 때 일정한 형태로 진동한다는 뜻이다.

진동의 대표적인 예가 바로 진자 운동이다.

실험 1 실에 반지를 매달아 진자를 만든다. 실을 흔들면 반지가 주기적으로 왔다 갔다 하며 움직인다. 이것이 바로 진자 운동이다. 그럼 진자 운동을 관찰해 보자.

진자 운동은 진동의 가장 기본적인 운동이다. 진자의 길이는 실의 길이가 아니라 고정축(손)에서 중심추까지의 거리를 말한다. 반지에서 중심은 반지 구멍이다.

그럼 25㎝ 길이의 진자를 흔들어 보자. 한 번 갔다가 원래 위치로 돌아오기까지 걸린 시간을 주기라고 부른다. 25㎝ 진자의 주기는 정확히 1초다.

진자의 주기는 진동의 중심에서 최대로 움직인 거리를 뜻하는 진폭이나 중심추의 무게와는 아무런 상관이 없고, 오로지 진자의 길이로 결정

된다. 이를 진자의 등시성이라고 부른다. 괘종시계가 바로 진자의 등시성을 이용한 예다.

진자가 1초 동안 왕복하는 횟수를 진동수라고 한다. 한 번 왕복하는 데 1초가 걸린 진자의 진동수는 1헤르츠(㎐)다. 즉, 25㎝ 진자의 진동수는 1㎐인 것이다.

방의 끝에서 끝까지 고무줄을 느슨하게 묶은 후 아래로 당기면 고무줄이 위아래로 움직이는데, 이것 역시 진동이다. 고무줄을 당겼을 때 10초에 30회 진동하면 1초에는 3회 진동하므로, 진동수는 3㎐이다. 진자의 등시성이 성립하므로 흔들리는 동안 주기는 똑같다.

한편, 시간이 지나면서 진동이 점점 주위로 퍼지는 현상을 파동이라고 한다.

고무줄의 1회 진동

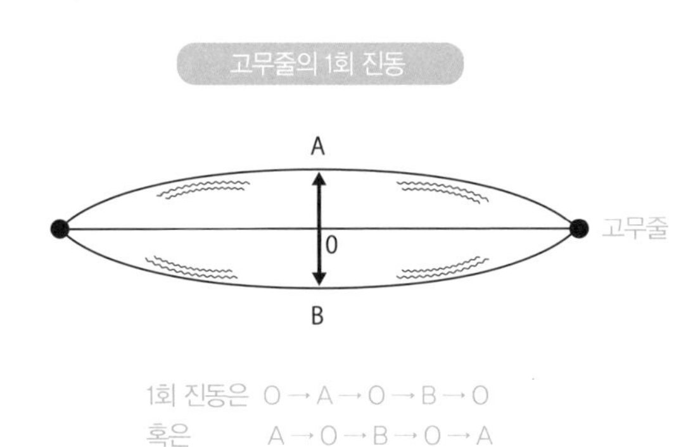

1회 진동은 O → A → O → B → O
혹은 A → O → B → O → A

우리 귀에 들리는 소리는 물체가 떨리는 것!

고무줄을 길게 잡아당겼다가 놓으면 진동 주기가 짧아지고, 튕기는 소리가 난다. 물체의 진동수는 20~2만Hz로, 1초에 20~2만 회 진동할 때 그 떨리는 소리가 우리 귀에 들어오게 된다.

20~2만Hz의 범위를 벗어나는 진동수의 소리는 아무리 진폭이 커도 우리 귀에는 들리지 않는다.

소리를 내는 물체는 진동 운동을 한다. 공기에 닿는 물체의 진동을 청각이 소리로 감지하는 것이다.

예를 들어 북을 둥둥 두드리면 주변의 물체도 따라서 떨린다. 이는 북의 진동이 공기에 전달되고, 공기의 진동이 주변의 물체에 전달되기 때문이다. 귓속의 고막도 따라서 진동 운동을 하고, 그 진동의 신호는 신경을 통해 대뇌로 전달되어 소리로 감지된다.

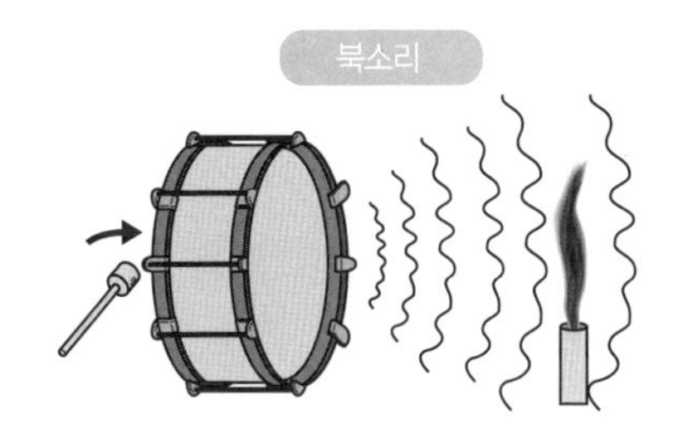

실험 2 빨대 피리를 만들어 불면서 입에 닿는 부분의 진동을 확인해 보자.

빨대와 가위만 있으면 눈 깜짝할 사이에 빨대 피리가 완성된다. 빨대 피리를 불면서 입에 닿는 부분의 진동을 확인할 수 있다.

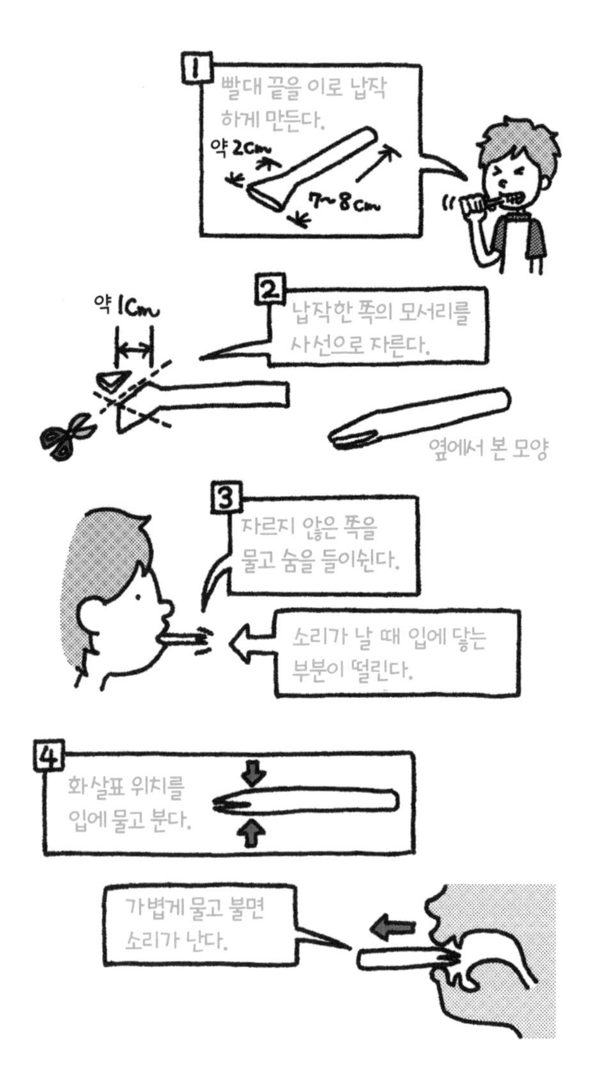

북을 세게 치거나 기타 줄을 세게 튕기면 큰 소리가 나는데, 진폭이 클수록 소리도 커진다.

그럼 소리의 높낮이는 어떻게 결정되는 것일까?

실험 3 빈 통, 나무젓가락 토막, 노란 고무줄로 모노코드(현 1줄)를 만들어 소리의 높낮이를 알아보자.

나무젓가락 토막을 각각 양 끝에 끼우고 노란 고무줄을 튕겨본 후 나무젓가락 토막의 위치를 각각 안쪽으로 옮겨서 노란 고무줄이 진동하는 부분을 짧게 하고 튕겨보면 더 높은 소리가 나는 것을 알 수 있다.

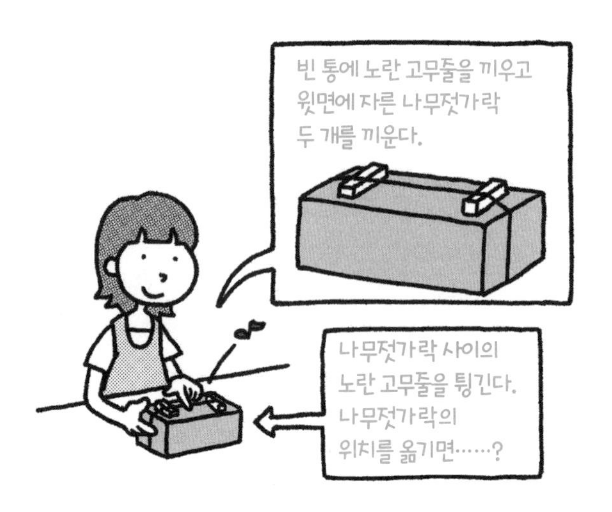

현을 팽팽하게 해도 마찬가지다. 만약 재질이 같고 굵기가 다른 현이라면 얇을수록 소리가 높아진다. 다시 말해, 진동수가 클수록 소리가 높아진다.

사람의 피를 빨아먹는 모기는 1초에 500회 날갯짓을 한다. 모기가 근처에 있을 때 소리가 엥 하고 나는 이유는 모기의 날갯짓이 사람이 소리를 감지하는 범위의 진동이기 때문이다. 모기 날개의 진동수는 500㎐이다. 벌은 1초에 약 200회 날갯짓하므로 그 소리의 진동수는 약 200㎐이다. 그래서 모기가 날아다니는 소리가 더 높게 들리는 것이다.

그러면 관악기처럼 파이프 속의 공기를 진동시켜서 소리를 낼 때는 소리의 높낮이가 어떻게 결정될까?

실험 4 긴 빨대를 불어 소리를 내면서 가위로 앞부분을 조금씩 잘라 보자. 소리의 높이가 어떻게 달라질까?

빨대가 짧아질수록 소리는 점점 높아진다. 반대로 빨대에 다른 빨대를 연결해서 길게 만들수록 소리는 점점 낮아진다.

관악기는 관 속의 공기가 진동하면서 소리를 내는데, 관이 길수록 낮은 소리가 나는 것이다.

그러면 이번에는 유리잔 연주를 통해 소리를 눈으로 확인해 보자. 유리잔의 진동이 물에 전달되면서 물결이 일어나는 모습으로 소리를 볼 수 있을 것이다.

실험 5 되도록 두께가 얇은 유리잔을 준비해서 미지근한 물과 세제로 깨끗이 씻어 먼지를 없앤다. 마지막으로 뜨거운 물로 헹구고 물기를 닦는다. 손도 깨끗하게 씻자. 유리잔에 물을 담고, 넘어지지 않게 고정한다. 손가락을 물에 적신 후 힘을 뺀 채 잔의 가장자리를 살짝 문지른다.

유리잔 가장자리를 문지르면 소리가 난다. 이제 물의 양에 변화를 주며 가장자리를 문질러 보자. 소리의 높낮이가 달라질 것이다.

유리잔 가득 물을 채우고 문지르면 수면이 파르르 떨린다. 계속 문질러 보자.

유리잔의 가장자리를 문지르면 손가락과 유리잔의 마찰로 잔이 진동한다. 유리잔의 진동은 우리 눈에 보이지 않지만, 수면이 파르르 떨리는 모습으로 유리잔이 떨리고 있음을 알 수 있다. 또한 유리잔이 진동하면

물의 양과 소리의 높낮이는 어떤 관계?②번 유리잔이 더 무겁다

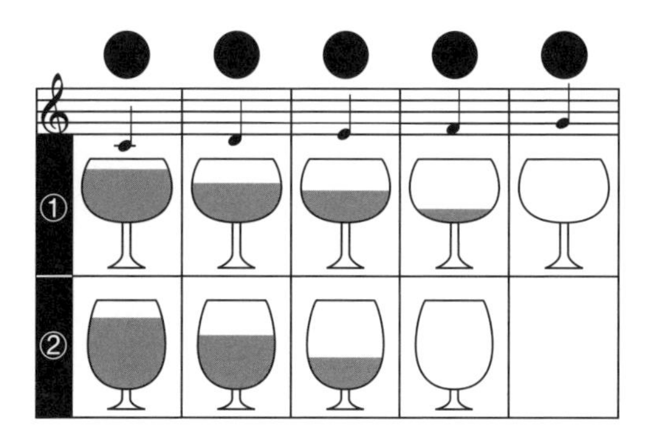

서 소리가 나는데, 물의 양이 많을수록 낮은 소리가 난다. 바꿔 말하면, 무거울수록 진동수가 작다는 것이다.

언뜻 생각하면 유리잔 연주는 잔 속의 공기가 진동해서 소리를 내는 것처럼 보인다. 하지만 그런 원리라면 물의 양이 적을수록 낮은 소리가 나야 하는데, 실제로는 그 반대다. 유리잔 연주의 발음체는 유리잔이기 때문이다.

나팔이나 악기는 어떻게 소리를 크게 만들까?

기타와 같은 현악기의 몸체는 속이 텅 비어 있다. 이것을 공명 상자라고 한다. 소리를 내는 줄과 공명 상자의 진동이 딱 맞아 떨어지면 소리가 커지는 공명이 일어난다. 공명 상자는 이렇게 소리를 키우기 위한 장치로, 고유 진동수*와 똑같은 진동수의 소리를 증폭시킨다.

공명은 다른 말로 공진이라고도 한다. 진동하는 물체에 그 물체의 고유 진동수에 해당하는 힘을 가하면 진동이 더 잘 일어나는 현상이다. 이런 공명 현상을 이용하여 소리를 크게 만드는 도구를 만들 수 있다.

---

* 고유 진동수 : 물체가 자유롭게 진동할 때의 고유한 진동수.

실험 6 빨대 피리에 도화지로 만든 나팔을 붙인다. 이 나팔이 공명 상자 역할을 한다.

'나무에 귀를 대면 물관으로 물이 올라가는 소리가 들린다'는 이야기가 있다. 하지만 이는 사실이 아니다. 어떤 소리가 들렸다면 그것은 물이 올라가는 소리가 아니라 나무에 귀를 댔을 때 잎과 나뭇가지가 마찰하는 소리나 줄기에 전달된 주변의 소리가 공명 상자 역할을 하는 나무의 몸통을 통해 들린 것이다.

젊은 사람만 들을 수 있는 소리가 있다!

사람이 소리로 인식할 수 있는 진동의 범위는 20~2만㎐라고 하지만, 사실은 사람마다 차이가 있다. 특히 나이에 따라 들리는 범위가 다른데 일반적으로 아기가 제일 높은 5만㎐까지 감지하고, 나이가 들수록 그 범위는 점점 내려간다. '모스키토'라는 기계는 젊은 사람만 들을 수 있는 1만 7,000㎐의 소리를 내는데, 그 소리가 귀에 아주 거슬리는 모깃소리와 흡사하다. 사실 이 기계는 가게 앞에 불나방처럼 모여드는 젊은이들을 쫓아 버리려는 의도로 개발된 것이다. 서른이 넘으면 1만 7,000㎐ 정도의 소리는 들리지 않는다고 한다.

특히 2만㎐보다 높아서 귀에 들리지 않는 소리를 초음파라고 하는데, 이런 초음파의 성질을 우리 생활 곳곳에 응용하고 있다. 이를테면 바닷속에 초음파를 보내 그 반사파로 해저의 깊이를 알아내기도 하고, 초음파로 물고기 떼를 감지하기도 한다. 또 태아를 관찰할 수도 있다.

초음파는 사람에게는 들리지 않는 소리지만, 개나 박쥐는 초음파의 일부 범위를 들을 수 있다.

소리의 전달 속도를 결정하는 것은?

우리 귀에 들어오는 소리는 대부분 공기로 전달된 것이다. 진공 상태일 때 빛은 직진하지만 소리는 전달되지 않는다. 따라서 공기가 없는 우주 공간은 소리가 없는 고요한 세계다.

소리의 전달 속도는 공기가 따뜻할 때 좀 더 빠르고 차가울 때는 비교적 느린데, 실온일 때가 약 340㎧(1,200㎞/h)로, 초음속 비행기의 비행 속도에 훨씬 못 미친다.

소리는 고체와 액체에서도 모두 전달되는데 공기보다 물은 4배, 강철은 15배 빠르게 소리를 전달한다.

진공 상태에서 광속도의 수치는 2억 9,979만 2,458㎧(≒30만㎞/s)이다. 현재 1m의 길이는 이 광속으로 정의한 것이다. 쉽게 말해 1m는 빛이 진공 상태에서 1초에 진행한 거리를 2억 9,979만 2,458로 나눈 값이다.

빛과 소리 중에서는 빛이 압도적으로 빠르기 때문에 번개가 번쩍인 후 천둥소리가 들릴 때까지 시간에 차이가 있는 것이다. 그러므로 천둥번개가 일어난 곳까지의 거리를 알려면 빛이 닿는 데 걸리는 시간을 무시하고 음속만 고려해도 상관없다.

예를 들어 번개가 치고 천둥소리가 들릴 때까지 15초가 걸렸다고 가정해 보자. 거리는 다음과 같은 식으로 구할 수 있다.

거리=소리의 속도×시간이므로, 340(m/s)×15(초)=5,100(m).

즉, 5.1km 떨어진 곳에서 번개가 번쩍인 것이다.

녹음한 자기 목소리를 들으면 이상하게 들리는 이유는?

녹음한 자기 목소리를 들었을 때 낯설게 느낀 경험이 있을 것이다.

하지만 그 녹음을 들은 다른 사람은 "네 목소리 맞는데?" 하며 별로 이상하게 여기지 않는다.

녹음 기계의 마이크는 목소리가 공기를 진동시킨 소리를 잡아낸다. 하지만 평소에 말하면서 듣는 자기 목소리는 외부 공기를 진동시켜 들리는 소리만이 전부가 아니다.

소리가 입, 귀, 턱 등 여러 뼈와 조직에 전달되는 현상을 골전도라고 한다. 즉 우리가 말할 때는 공기의 진동만이 아니라 골전도로 전달된 소리도 함께 청각 세포에 도달한다.

이렇게 여러 가지 고체나 액체에 전달된 소리는 공기를 진동시킨 소리와 속도, 흡수되는 방법 등에 차이가 있기 때문에 녹음한 자기 목소리와 평소에 듣는 자기 목소리가 다르게 들린다.

제4장

'평소보다 열이 높다'는 것은 맞는 말일까?

온도와 열

온도와 열은 같은 의미일까?

실험 1 휴대용 가스버너에 불판을 올리고 뜨겁게 달군 돌멩이를 물이 든 냄비에 넣으면 돌멩이와 물의 온도는 어떻게 될까?

실험을 해 보면 돌멩이의 온도는 내려가고 물의 온도는 올라간다.

그렇다면 온도와 열의 차이점은 무엇일까?

"열을 쟀더니 평소보다 높았어."

평소에 흔히 이렇게 말하지만, 물리학의 측면에서 보면 이 말은 틀린 표현이다.

"온도를 쟀더니 평소보다 높았어."라고 해야 바른 표현이다.

이처럼 온도와 열은 혼동하기 쉬운 용어다.

뜨거운 물체와 차가운 물체를 접촉시키면 열이 뜨거운 물체에서 차가운 물체로 이동하면서 뜨거운 물체의 온도는 내려가고 차가운 물체의 온도는 올라간다. 그러다가 온도가 같아지면 열이 이동을 멈추는데, 이를 두고 '열평형 상태에 도달했다'고 한다.

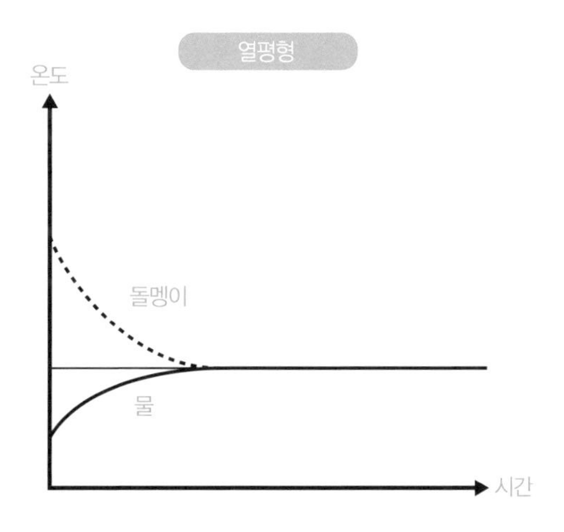

열은 반드시 온도가 높은 곳에서 낮은 곳으로 일방 통행한다. 그래서 뜨거운 돌멩이를 물에 여러 개 넣으면 물이 끓는다.

옛날에 과학자들은 열을 무게를 잴 수 없는 일종의 유체*, 즉 열소(칼로릭)라고 생각했다. 그래서 물체에 열소가 들어가면 온도가 올라가고, 빠져나가면 온도가 내려간다고 여겼다.

하지만 럼퍼드(1753~1814)라는 물리학자가 대포의 포신을 만들기 위해 구멍을 뚫는 작업 중에 대포와 드릴 사이의 마찰로 엄청난 열이 끊임없이 발생하는 것을 목격하고, 열은 열소가 아니라는 사실을 밝혀냈다. 열소설이 사실이라면, 포함된 열소에는 한계가 있기 때문에 열이 끊임없이 발생하는 현상에 대해서는 설명할 수 없다. 그래서 열은 일종의 '운동'이라는 결론을 내렸다. 그것이 현대에 이르러 '에너지'로 정의된 것이다.

---

* 유체 : 액체와 기체의 총칭.

온도계는 어떻게 온도를 잴까?

우리가 일반적으로 쓰는 온도는 셀시우스 온도, 줄여서 섭씨온도라고 부른다.

섭씨는 이 온도의 눈금을 처음으로 제창한 셀시우스의 중국식 이름 첫 글자인 '섭(攝)'에 존칭 '씨'를 붙인 것이다. 1742년에 셀시우스는 1기압일 때 물의 어는점을 100℃, 끓는점을 0℃로 하는 온도를 고안했다. 그런데 높은 온도의 숫자가 낮은 온도의 숫자보다 작은 것이 아무래도 이상했기 때문에 어는점을 0℃, 끓는점을 100℃로 다시 고쳤다.

현재는 절대 온도*를 먼저 정의하고 이 절대 온도를 기준으로 섭씨온

* 절대 온도 : 물질의 특이성에 의존하지 않는 절대적인 온도.

도를 정의한다.

구체적으로 절대 온도 1도(K)는 물이 기체, 액체, 고체 상태일 때 공존 가능한 온도의 273.16분의 1이라고 정의한다. 숫자가 어중간한 이유는 절대 온도가 사용되기 전에 이미 널리 쓰이던 섭씨온도의 1도와 절대 온도 1도를 거의 똑같은 크기로 맞추려고 했기 때문이다.

섭씨온도는 절대 온도에서 273.15를 뺀 온도로 정의한다. 이 숫자 역시 어중간한데, 물의 어는점과 끓는점이 각각 0℃와 100℃가 되도록 하기 위해서다.

실험 2 입구가 좁은 유리병에 물을 가득 담은 후 뜨거운 물에 넣으면 어떤 일이 일어날까?

온도가 올라가면 물이 팽창하므로 유리병에서 물이 넘쳐흐른다. 물 이외의 액체도 온도가 오르면 팽창한다.

유리로 만든 막대 온도계 속을 보면 은색이나 붉은색, 파란색을 띠는 것이 있다. 온도계 속의 은색 액체는 수은이고 붉은색 혹은 파란색 액체는 알코올에 색소를 넣은 것이다. 온도계는 온도가 올라가면 수은이나 알코올이 팽창하는 원리를 이용해 만든 도구다.

온도계로 체온을 잴 때는 몸의 열이 온도계로 충분히 이동하도록 일정 시간 동안 몸에 접촉해 두어야 한다. 몸의 열이 온도계로 이동해 온도계에 표시되려면 약간의 시간이 걸리기 때문이다. 또 체온은 일반적인 온도계 대신 체온계로 재야 한다. 일반적인 온도계는 막상 읽으려고 몸에서 떼면 주변 공기의 영향을 받아 쉽게 바뀌지만 체온계는 몸에서 떨어져도 온도가 쉽사리 바뀌지 않는 구조이기 때문이다.

체온계를 보면 수은이 담겨 있는 하단 부분이 병목처럼 잘록한 모양이다. 온도가 올라가면 수은의 부피가 팽창하면서 수은 기둥이 올라가는데, 그때 잘록한 하단 부분에서 수은이 분리되면서 수은 기둥이 그 높이를 유지하게 된다. 그리고 온도계를 세게 흔들면 다시 하단 부분의 수은과 수은주의 수은이 연결되면서 원래 상태로 돌아간다. 한편 전자 체온계는 온도에 따라 전류의 흐름이 달라지는 반도체의 성질을 이용해서 온도를 잰다.

분자로 설명해 보는 열과 온도

물체는 원자와 분자로 구성된다. 하지만 열을 다룰 때는 원자와 분자가 다를 게 없으므로 분자로 설명하겠다.

물체를 구성하는 분자는 모두 운동하고 있다. 고체도 사실은 진동 운동을 한다. 아주 작은 미시적 관점에서 온도란 분자 운동의 강약 정도라고 정의할 수 있다. 분자 운동이 빨라지면 온도가 올라가고, 분자 운동이 느려지면 온도가 내려간다. 다시 말해서 온도가 내려가면 분자 운동이 점점 느려지다가, 결국에는 분자 운동을 멈춘다. 이 말은 곧 온도가 내려가는 데 한계가 있다는 뜻이다. 분자 운동이 멈췄을 때 온도는 −273℃로, 이보다 낮은 온도는 존재하지 않는다.

반대로 온도가 올라가면 어떻게 될까?

분자 운동이 빨라질수록 온도가 오르는데, 그 온도에는 한계가 없다. 참고로 온도가 수천 ℃까지 올라가면 원자가 분해되어 원자핵과 전자가

온도 변화에 따른 분자 운동

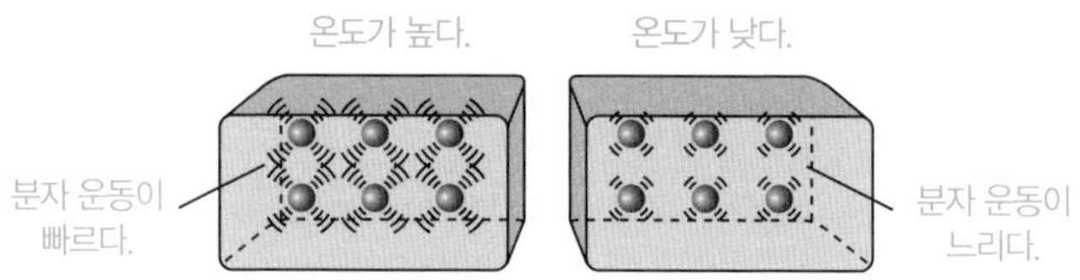

온도가 높다.
온도가 낮다.
분자 운동이 빠르다.
분자 운동이 느리다.

섞인 중성 기체인 플라스마 상태가 된다.

이제 뜨거운 물체와 차가운 물체를 접촉시켰을 때 일어나는 열의 전도를 미시적으로 관찰해 보자.

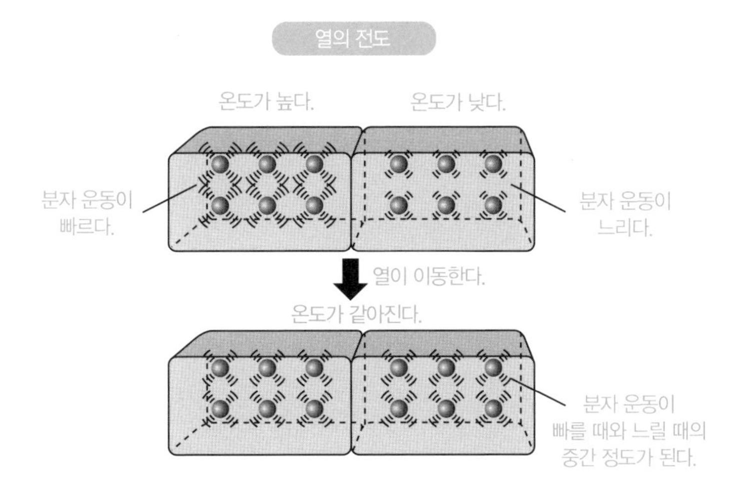

뜨거운 물체는 빠르게 진동하는 분자로 가득하다. 반면에 차가운 물체는 별로 움직이지 않는 분자의 모임이다. 이 두 물체를 서로 붙이면 뜨거운 물체의 분자와 차가운 물체의 분자가 충돌한다. 그때 뜨거운 물체의 분자에서 차가운 물체의 분자로 운동 에너지가 이동한다.

이는 멈춰 있는 유리구슬이 움직이는 유리구슬과 충돌하면서 움직이게 되는 원리와 같다. 마찬가지로 지금까지 별로 움직이지 않았던 차가운 물체의 분자가 뜨거운 물체의 분자와 충돌하면 움직이기 시작한다.

그러면서 온도가 올라간다. 그리고 계속 활발하게 운동하던 뜨거운 물체의 분자는 온도가 내려가면서 점차 운동 에너지를 잃고 움직임이 약해진다. 이때 온도가 높은 물체에서 낮은 물체로 '열이 전달되었다' 혹은 '전도가 일어났다'고 말한다.

물체마다 열을 전달하는 정도가 다르다

실험 3 실내 온도가 25℃인 곳에 놓아둔 철판과 스티로폼 판을 만지면 어느 쪽이 더 따뜻할까?

충분한 시간 동안 놔두어 열평형 상태가 되었다고 가정하면 온도는 둘 다 똑같을 것이다. 실제로 만져 보지 않고도 온도를 잴 수 있는 방사 온도계로 재면 똑같다.

그런데 우리가 직접 손으로 만져보면 철은 차갑고 스티로폼은 미지근하게 느껴진다. 이는 철과 스티로폼의 열전도율이 다르기 때문이다.

보통 실내 온도는 사람의 체온보다 낮다. 그러므로 철을 만지면 온도가 높은 사람의 손에서 온도가 낮은 철로 열이 이동한다. 일반적으로 금속은 다른 물체보다 열전도율이 높기 때문에 사람의 손에서 많은 열이 금속으로 옮겨가고, 옮겨간 열만큼 손의 온도는 내려간다.

한편 스티로폼 속에는 공기 방울이 많이 들어 있어서 열전도율이 낮기 때문에 열이 많이 이동하지 않고, 그만큼 손의 온도도 별로 내려가지 않는다.

실험 3에서 실내 온도를 50℃로 설정하면 철과 스티로폼도 50℃가 된다. 그럴 경우 손으로 만지면 열이 철에서 손으로는 빠르게, 스티로폼에서 손으로는 느리게 이동한다. 그래서 철을 만지면 뜨겁게 느껴질 것이다. 기온이 높은 날 모래사장에서 맨발로 걸으면 뜨거워서 걷기 힘든 것도 이 때문이다.

조리기구의 손잡이가 나무나 플라스틱으로 된 것도 금속보다 열전도율이 훨씬 낮기 때문이다.

대류는 물질의 이동!

물체를 따뜻하게 하려면 온도가 높은 물체를 온도가 낮은 물체에 접촉시켜 열을 직접 전달하는 전도가 기본이 되지만, 다른 방법으로 대류도 있다.

대류를 알아볼 수 있는 대표적인 방법으로 '색소를 탄 물이 담긴 비커를 알코올램프로 가열하면 물이 빙글빙글 돌면서 온도가 상승한다'는 내용의 실험이 있다. 이 실험에서 불꽃이 닿는 아랫부분의 물은 열을 받아 온도가 오른다. 바로 전도 현상 때문이다. 온도가 올라가 팽창한 물은 밀도가 줄어들면서 위로 올라가고, 그 대신 위에 있던 물이 내려와 또 열을 받고 온도가 올라가는 현상이 반복된다.

여기서 물의 대류란 온도가 높은 물이 위로 이동하고, 온도가 낮은 물이 아래로 이동하는 것을 말한다. 즉, 대류는 열의 직접적인 이동이 아니라 열에너지를 가진 물질이 이동하는 것이다.

물을 뿌리면 왜 시원해질까?

어린 시절 목욕탕에서 나왔을 때 "감기 걸리니까 얼른 물기 닦아라!" 하는 부모님의 잔소리를 들어본 적이 있을 것이다.

젖은 채로 가만히 있으면 점점 한기가 들고, 땀을 뻘뻘 흘렸을 때 바람을 쐬거나 주위에 물을 뿌리면 시원해진다.

이러한 현상은 기화열(숨은열) 때문에 일어나는 현상이다. 기화열이란 액체가 기체로 변할 때 주변에서 흡수하는 열을 가리킨다. 액체가 증발하려면 열이 필요하다. 그래서 액체는 접촉한 물체의 열을 빼앗아 증발한다. 몸이 물에 젖으면 피부에 있는 물방울이 기체로 바뀌기 위해서 체온을 빼앗기 때문에 점점 몸의 온도가 내려가 한기가 드는 것이다.

액체 내부의 분자 중 표면에 가까이 있는 빠른 분자가 다른 분자의 당기는 힘을 뿌리치고 날아간다. 이때 날아간 분자가 많은 운동 에너지를 가져가면서 상대적으로 남은 분자의 평균 운동 에너지가 줄어든다. 그래서 온도가 내려간다.

04 온도가 올라가면 왜 부피가 늘어날까?

앞에서 한 실험 2는 열팽창 현상에 관한 것이었다. 열팽창은 온도에 따라 분자의 운동이 활발해지기 위해 일어나는 현상이다. 분자 운동이 활발해지면 분자의 운동 범위가 넓어져서 팽창한다. 따라서 열팽창은 고체, 액체, 기체 모두에 일어난다.

기체가 열팽창하는 비율은 종류에 상관없이 일정하다. 기체의 부피는 온도가 내려갈수록 작아지고, 절대 영도*에서의 이론상 부피는 0이다.

고체와 액체가 열팽창하는 비율은 물질의 종류에 따라 다르다. 예를 들어 철의 열팽창률을 1이라고 하고 다른 물질과 비교해 보면 다음과 같다.

* 절대 영도 : 열역학적으로 생각할 수 있는 최저 온도.(절대 온도 0K, 섭씨 온도 −273.15℃)

다이아몬드는 0.09로 별로 팽창하지 않는다. 반대로 파라핀은 9.09로 열에 따라 팽창률이 높아진다.

철도 레일에 이음매가 있는 것도 열팽창과 관련이 있다. 금속은 온도가 상승하면 팽창해서 부피가 늘어난다. 만약 철도 레일에 이음매가 없다면 뜨거운 여름날 레일이 팽창해서 선로가 휘어 버릴 것이다. 그러나 레일에 이음매를 설치해서 조금 떨어뜨려 놓으면 레일이 열 때문에 팽창해도 선로가 휘지 않는다.

실험 4 빈 맥주병 입구를 물로 적신 후 100원짜리 동전을 올린다. 양손으로 병을 감싸 쥐면 동전은 어떻게 될까?

양손으로 병을 잡고 있으면 병이 데워지면서 병 속의 공기도 따뜻해져서 팽창한다. 그 팽창한 공기가 동전을 밀어 올리면서 동전이 움직인다. 이때, 동전에 빨대를 붙이면 움직임을 더 잘 알 수 있다. 실내 온도가 높으면 병을 냉장고에 넣어서 잠깐 식혔다가 다시 실험한다.

고체나 액체 분자는 서로 끌어당기면서 운동하지만, 기체는 분자가 뿔뿔이 흩어져 있기 때문에 분자 사이에 작용하는 인력이 거의 없다. 그래서 기체가 고체나 액체보다 훨씬 잘 팽창하는 것이다.

실험 5 자전거 타이어에 공기를 재빨리 주입하고 타이어를 만지면, 공기를 넣기 전과 비교해 온도가 달라질까?

공기를 빠르게 주입한 타이어를 만지면 공기를 넣기 전보다 뜨겁다. 열의 출입이 차단된 단열 상태에서 기체가 압축되는 단열 압축으로 타이어 속 공기의 온도가 상승했기 때문이다.

이처럼 단열 압축이 되면 기체에 압력을 가할 때 생기는 열에너지를 외부에 내보낼 수 없기 때문에 기체 자체의 온도가 올라간다.

한편 공기가 팽창하려면 외부의 에너지가 필요하다. 예를 들어 공기가 빠진 고무공에 뜨거운 물을 부으면 부풀어 오르는 현상은 뜨거운 물에서 열에너지를 얻었기 때문이다.

외부로부터 열에너지를 받지 못하는 상태에서 팽창할 때는 자기가 가진 열에너지를 사용한다. 그래서 대신에 기체 자체의 온도가 내려가는데, 이것을 단열 팽창이라고 한다.

식용유는 물보다 빨리 따듯해지고 빨리 식는다

같은 조건에서 질량이 동일한 물과 식용유를 가열하면 온도는 어떻게 될까?

실험을 해 보면 식용유의 온도가 물보다 더 빨리 상승하는 것을 알 수 있다. 물 1g의 온도를 1℃ 올리는 데 필요한 열량은 4.2J(1cal)이지만, 물

물질의 비열(J/g · K)

물질	온도(℃)	비열
물	0	4.217
얼음	−1	2.100
알루미늄	0	0.880
철	0	0.435
구리	0	0.379
황동	0	0.387
은	0	0.235
목재	20	1.250
폴리에틸렌	20	2.230
유리	10~50	0.670

질에 따라 1g의 온도를 1℃ 올리는 데 필요한 열량은 다 다르다.

물질 1g의 온도를 1℃ 올리는 데 필요한 열량을 비열이라고 하는데, 물의 비열은 약 4.2J/g·K다. 식용유의 비열은 물의 약 절반이다. 그러므로 같은 열량을 가했을 때 식용유의 온도는 물보다 2배 빨리 올라간다. 비열이 클수록 온도는 잘 올라가지도 내려가지도 않는다. 반대로 비열이 작을수록 잘 따뜻해지고 잘 식는다.

지표면의 70% 정도를 차지하는 물은 비열이 아주 큰 물질이다. 그래서 낮과 밤의 기온 차가 크게 나지 않게 함으로써 기상에 큰 영향을 준다. 또한 같은 물질에 같은 열량을 가해도 부피나 질량에 따라 온도 변화의 속도가 달라진다.

물체의 온도를 1℃ 올리는 데 필요한 열량은 열용량이라고 한다. 열용량의 단위는 J/K로, 물질의 비열에 질량을 곱하면 열용량이 된다. 일반적으로 같은 물질일 경우 열용량은 질량에 비례해서 커진다.

제5장

힘이 작용하면 반작용이 따른다

힘과 압력

힘이 작용하면 반드시 반작용이 따른다

_작용 · 반작용 법칙

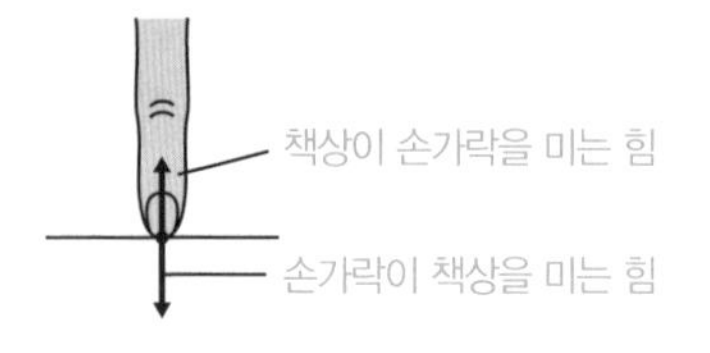

손가락으로 책상을 밀어 보자. 손가락이 밀리지 않고 일방적으로 책상을 밀기만 하는 것이 가능한가?

아무리 살살 밀어도 손가락 또한 물체에 밀린다. 반드시 밀면 밀리고, 당기면 당겨진다. 이러한 현상을 작용 · 반작용 법칙이라고 한다.

작용 · 반작용 법칙은 다음과 같이 정리할 수 있다.

① 작용과 반작용은 물체와 물체 사이에 상호 작용하는 힘이다. 상대의 힘을 받지 않고 일방적으로 힘을 가할 수는 없다.

② 작용과 반작용은 서로 반대 방향으로 작용하는 힘이며, 크기는 항상 같다.

밀고 밀리는 현상은 항상 동시에 일어난다. 또 힘의 방향은 항상 반대이며, 같은 크기의 힘이 작용한다.

손가락이 책상의 힘을 받는 동시에 책상도 손가락의 힘을 받게 된다. 이렇게 힘은 항상 쌍으로 작용한다.

물체 사이에 힘이 작용할 때는 늘 작용 · 반작용 법칙이 성립한다.

길을 걸을 때 다리는 땅을 뒤로 미는 동시에 땅에 밀린다. 이러한 원리 때문에 앞으로 나아가며 걸을 수 있는 것이다. 자동차가 굴러가는 원리도 이와 같다.

권투 선수가 손에 글러브를 끼는 이유도 같다. 상대방에게 주는 충격을 줄이기 위해서만이 아니다. 상대방에게 타격을 입히면서 받는 똑같은 크기의 충격으로부터 자기 손을 지키기 위해서이기도 하다.

실험 1 풍선을 커다랗게 분 다음, 묶지 말고 손을 놓아 보자.

손을 놓으면 풍선은 공기를 내보내면서 그 반동으로 날아간다. 로켓이 날아가는 원리도 같다. 로켓은 연료와 산화제를 반응시켜서 대량의 연료가스를 빠른 속도로 분사하며 그 반동으로 날아간다.

연료가스 분출의 반작용으로 발사되는 로켓

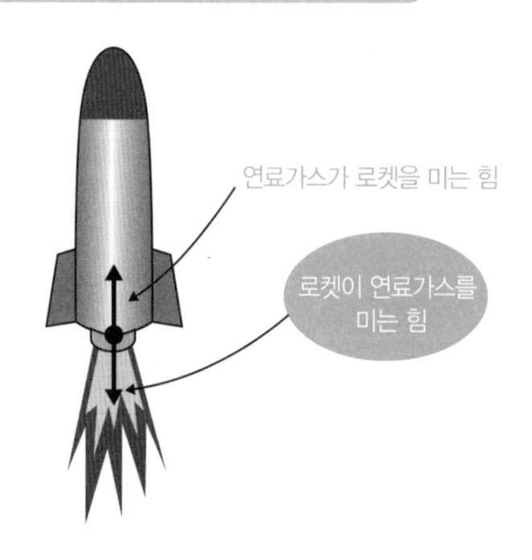

연료가스는 로켓을 진행 방향으로 밀고, 로켓은 연료가스를 뒤로 민다. 이처럼 로켓은 작용 · 반작용 법칙으로 추진력을 얻기 때문에 대기권은 물론이고 진공 상태인 우주에서도 날 수 있다.

또한 방아쇠를 당기면 그 반동으로 총이 뒤로 밀린다. 그래서 총을 쏠 때 밀리지 않기 위해 총을 꽉 쥐고 반동을 온몸으로 받아 내야 한다.

작용 · 반작용 법칙은 정지한 물체뿐 아니라 움직이는 물체 사이에도 성립한다.

대형 트럭과 소형 승용차가 정면으로 부딪쳤을 때를 생각해 보자. 트럭이 승용차로부터 받는 힘과 승용차가 트럭으로부터 받는 힘은 똑같다. 다만, 서로 받는 힘이 같아도 대형 트럭의 질량이 훨씬 크기 때문에 영향을 덜 받고 소형 승용차는 트럭에 비해 질량이 작기 때문에 크게 파손되는 것이다.

힘의 단위 뉴턴이란?

힘을 나타내는 단위는 뉴턴(N)이다. 지구상에서 질량이 1kg인 물체의 무게는 약 9.8N이다. 다시 말해 물체의 무게는 '9.8(N/kg)×질량(kg)'인 셈이다.

예를 들어 질량이 100g인 물체의 무게는 9.8(N/kg)×0.1(kg)=0.98(N)이다.

힘의 3요소인 ①크기 ②방향 ③작용점은 화살표로 나타낼 수 있다.

힘을 그림으로 나타내려면 작용점에서 힘의 방향으로 화살표를 그리고, 그 길이는 힘의 크기에 비례하게 그리면 된다.

지구상에 있는 물체는 반드시 지구의 중심 쪽으로 중력을 받는다. 물체가 받는 중력을 그림으로 나타내려고 한다면 물체의 중심에서 아래 방향으로 화살표를 그리면 된다.

화살표로 나타내는 힘

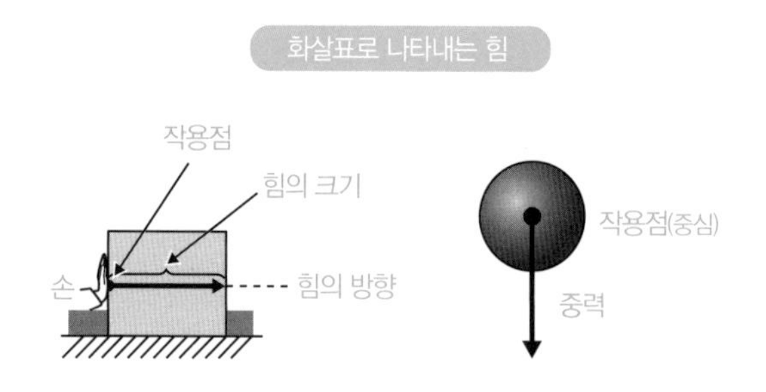

지구 위에 서 있는 사람은 중력을 받는 동시에 지구를 끌어당긴다. 몸무게가 60kg인 사람은 지구를 약 600N의 힘으로 끌어당기는 셈인데, 지구가 아주 무겁기 때문에 티가 나지 않을 뿐이다. 우리는 중력 때문에 높은 곳에서 떨어지지만, 우리가 지구를 당기고 있다는 사실은 인식하지 못하는 것이다.

힘의 평형

정지한 물체에 힘을 가해도 움직이지 않는다면 그것은 같은 크기의 두 힘이 서로 반대 방향으로 작용하기 때문이다. 이때 두 힘은 평형을 이룬다.

만약 정지한 물체가 힘을 받아 움직였다면 다음 두 가지 경우 중 한 가지다.

① 하나의 힘만 받았다.

② 두 힘을 받았지만 물체가 움직인 쪽으로 작용한 힘이 더 컸다.

끈이나 용수철에 매달린 물체가 정지 상태일 경우 끈 혹은 용수철이 물체를 당기는 힘과 중력은 평형을 이룬다.

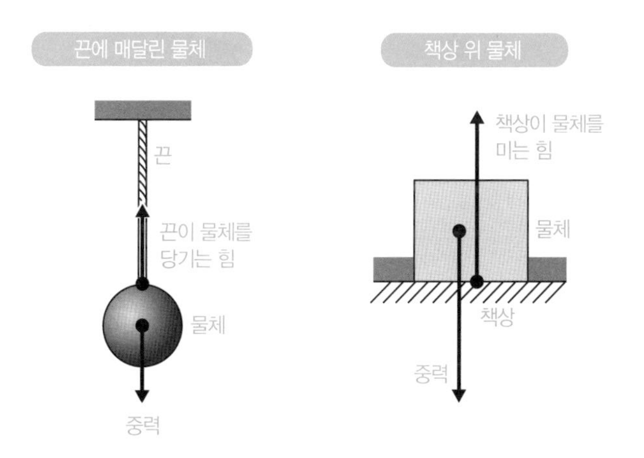

책상 위에 있는 물체는 중력이 당기는 힘과 책상이 위로 미는 힘이 함께 작용하면서 힘의 평형을 이룬다.

어른과 아이가 서로 밀면 왜 어른이 이길까?

실험 2 힘센 어른과 힘이 약한 아이가 서로 밀기 놀이를 하고 있다. 이때 어른이 이기는 이유는 무엇일까?

어른이 아이를 미는 힘 A와 아이가 어른을 미는 힘 A'의 크기는 같다. A는 아이가 받는 힘이고 A'는 어른이 받는 힘이다. 따라서 대상 물체가 둘이므로 작용 · 반작용 법칙이 성립한다.

그런데 왜 어른이 아이를 이길까? 이는 어른이 땅을 미는 다릿심 B가 아이가 땅을 딛고 버티는 힘보다 크기 때문이다.

그림에서 B는 어른이 땅을 미는 힘이고 그 반작용인 B'는 땅이 어른을 미는 힘이다. C'는 아이가 땅을 미는 힘이고, 그 반작용인 C는 땅이 아이를 미는 힘이다. 어른이 수평 방향으로 받는 힘은 아이에게 밀리는 힘 A'와 땅에 밀리는 힘 B'다. 아이에게 밀리는 힘 A'보다 땅이 미는 힘 B'가 크기 때문에 힘 B'의 방향인 '앞으로' 나아간다. 아이는 어른에게 밀리는 힘 A가 땅이 아이를 미는 힘 C보다 크므로 뒤로 밀린다.

만약 어른만 롤러스케이트를 신었다면 아이가 어른을 이길 것이다. 땅이 어른을 미는 힘 B'가 훨씬 작아지기 때문이다.

여기서 간단하게 작용 · 반작용과 힘의 평형을 구별해 보자.

작용 · 반작용과 힘의 평형은 '서로 반대 방향을 향하고 힘의 크기는 같다'는 점만 생각하면 자칫 헷갈리기 쉽다. 중요한 점은 힘을 가하는 대상의 차이다. 작용과 반작용은 쌍으로 나타나는 힘이 '2개의 대상 물체'에 작용한다. 반면에 힘의 평형은 쌍으로 나타나는 힘이 '1개의 대상 물체'에 작용한다.

달걀 껍데기는 얇은데, 왜 세게 쥐어도 깨지지 않을까?

힘의 합성

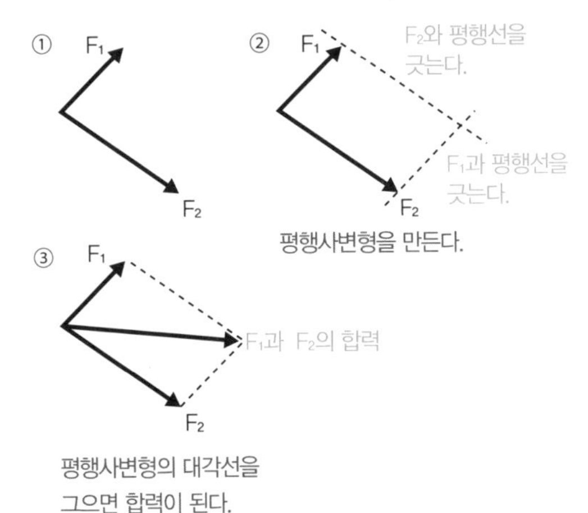

두 힘을 각각 한 변으로 하는 평행사변형을 만들고, 작용점에서 대각선을 그으면 그 대각선의 힘이 두 힘의 합력이 된다. 이것을 힘의 합성(평행사변형법)이라고 부른다.

두 힘의 각도가 0일 때,

즉, 두 힘이 일직선상에 있고 방향도 같을 때는 보통 두 힘을 더한 값이 합력이다.

아치 구조는 얼마나 견고할까?

하나의 힘을 둘로 나눌 수도 있다. 이것을 힘의 분해라고 부르며, 분해해서 생긴 두 힘을 분력이라고 한다.

힘의 분해는 힘의 합성과 완전히 반대 개념이다. 힘의 합성에서 두 힘의 합력은 하나뿐이지만, 힘의 분해에서 분력은 분해하는 방향에 따라 수없이 생길 수 있다.

힘의 분해

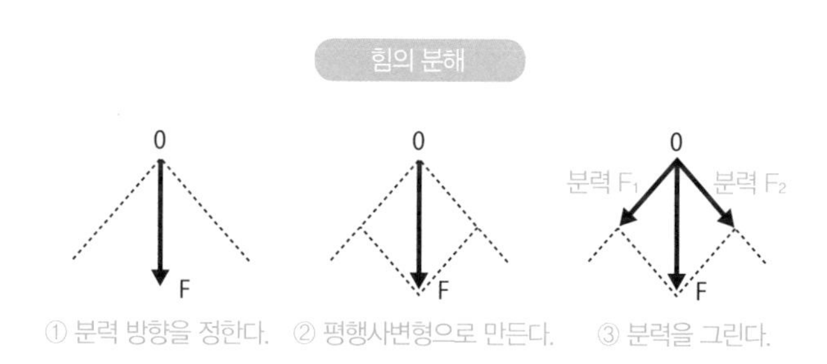

①에서 방향을 어떻게 잡느냐에 따라 수많은 분력이 나온다.

아치 구조

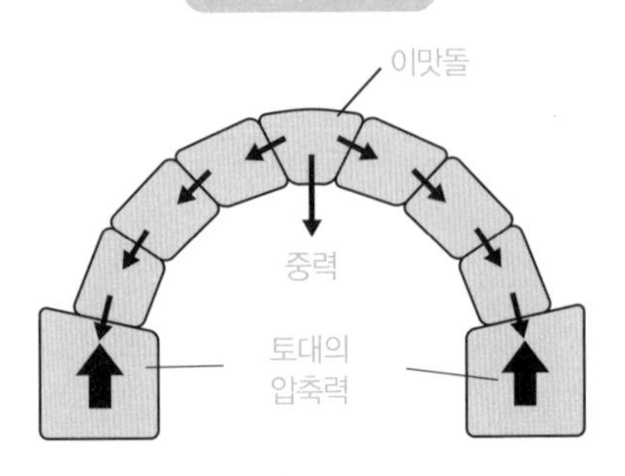

벽돌이나 돌을 아치 모양으로 쌓아올린 아치 구조는 견고하기 때문에 다리, 터널, 댐과 같은 건축물에 많이 이용되고 있다. 아치 구조는 밑에서부터 돌을 쌓아올리고, 마지막으로 맨 꼭대기에 이맛돌을 끼워 넣는 방식이다. 이맛돌을 끼워 넣으면 아치 구조가 안정화되는데, 양옆 돌기둥이 이맛돌을 서로 밀고 중력이 아래로 당기면서 힘의 평형을 이룬다. 아치 구조는 위에서 누르는 힘에 강한 구조다. 만약 이맛돌을 뺀다면 힘의 평형이 깨져서 무너지고 말 것이다.

실험 3 달걀을 손바닥으로 감싸듯이 세게 쥐어 보자. 과연 달걀은 깨질까?

달걀 껍데기 역시 아치 구조이기 때문에 바깥에서 누르는 힘에 강하다. 그래서 아무리 세게 쥐어도 웬만해서는 잘 깨지지 않는다. 달걀은 힘을 가하는 방향에 따라 깨지는 힘이 다르다. 폭이 짧은 쪽보다 폭이 긴 쪽이 압력에 더 잘 견딘다. 껍데기의 두께는 달걀마다 다르지만, 대

체로 50N 정도까지는 버틸 수 있다. 하지만 내부에서 미는 힘에는 약하기 때문에 병아리가 안에서 콕콕 찍으면 쉽게 깨져 버린다.

사람의 신체에서도 아치 구조를 찾아볼 수 있는데, 바로 걸을 때 체중이 실리는 발바닥이다. 발의 아치 구조는 용수철 작용을 하면서 다리가 받는 충격을 완화해 준다. 한쪽 발에 아치 구조가 크게 세 군데 있는데, 각각 앞뒤, 좌우, 수평 회전 방향으로 균형을 잡도록 도와준다.

발의 아치 구조

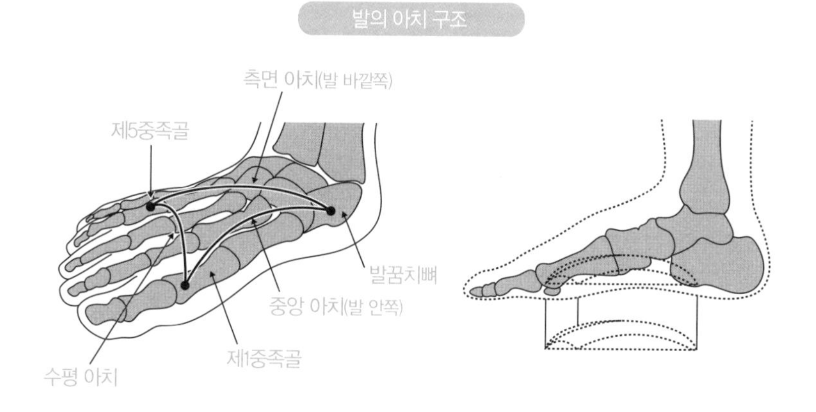

실험 4 크고 무거운 책을 펼쳐서 1.5m짜리 끈의 중간 부분을 끼운 후 책을 뒤집어 한 번 묶는다. 끈 양쪽을 잡고 중심 매듭과 손이 수평이 되도록 끈을 잡아당겨 본다. 과연 책의 중심 매듭과 손은 수평이 될까?

전봇대 사이에 연결된 송전선이 팽팽하게 직선을 이루는 모습을 본 적 있는가? 전선은 하나같이 완만한 커브를 그리며 늘어져 있을 것이다. 빨랫줄도 마찬가지다.

이는 일부러 그렇게 해 놓은 것이 아니라 그렇게 될 수밖에 없기 때문이다. 실험 5에서도 책의 중심 매듭과 손은 수평이 되지 않았다.

왜 모두 수평을 이루지 못하는 걸까?

세 힘의 평형

어떤 물체를 끈에 매달고 끈 양쪽을 서로 다른 두 방향으로 당긴다고 가정해 보자. 각각의 끈이 당기는 힘을 F_1, F_2라고 표시한다.

물체를 일정 높이까지 들어 올린 후 가만히 두었을 때 물체에 작용하

세 힘의 평형

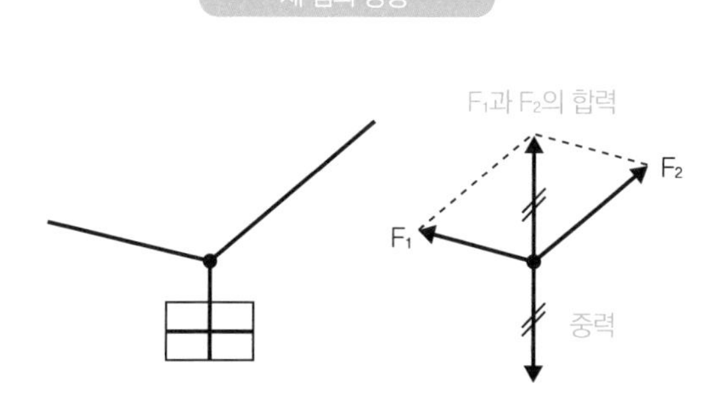

는 힘은 평형을 이룬다. 이때 F_1, F_2의 합력은 물체의 중력과 크기가 같고 방향만 다르다.

이처럼 물체에 작용하는 세 힘이 여러 방향을 향해도, 그 힘들이 평형을 이루면 두 힘의 합력은 남은 힘과 크기가 같고 방향만 반대가 된다.

F_1, F_2의 합력이 물체가 받는 중력과 크기가 다르면 평형이 될 수 없다. 그리고 각도가 커질수록 F_1과 F_2의 힘도 커진다. 두 힘이 수평으로 작용할 경우에도 양쪽으로 아무리 세게 당겨도 F_1과 F_2의 합력이 0이 되기 때문에 역시 평형이 될 수 없다. 게다가 끈은 수평 상태가 되기도 전에 툭 끊어져 버릴 것이다.

04 마찰력은 왜 생길까?

실험 5 빈 유리병에 쌀을 가득 담고 칼을 여러 번 찔러 넣었다가 빼기를 반복하면 어떤 현상이 벌어질까?

빈 유리병에 쌀을 가득 담고 칼을 여러 번 찔러 넣었다가 빼면 칼날에 쌀이 묻어 나온다. 바로 칼과 쌀의 마찰력 때문이다.

마찰의 원인은 물체의 표면이 울퉁불퉁해서 일어난다는 '요철설'이 지배적이었다. 이 견해에 따르면 표면이 매끄러울수록 마찰력이 줄어든다. 하지만 가공 기술이 진보하면서 표면이 매끄러워질수록 접촉면끼리 서로 더 잘 붙고 오히려 마찰력이 커지는 현상이 관찰되었다. 요철설로는 모든 현상을 설명할 수 없게 된 것이다. 여러 실험을 통해 지금은 요철설도 어느 정도 수용하면서 면이 매끄러울수록 물체를 구성하는 분자 간 인력이 증가해 마찰력이 커진다는 '응착설'이 더 많이 인정받고 있다.

분자 간 인력이 작용하는 예로 파리와 거미 등을 들 수 있다. 파리나 거미가 천장에 거꾸로 붙어 있으려면 밑에서 끌어당기는 지구의 중력과 같은 크기로 위에서 끌어당기는 힘이 있어야 한다. 그래서 천장에 붙어 있기 위해 다리와 천장 사이에 중력과 크기가 같은 분자 간 인력이 작용한다.

파충류인 도마뱀붙이 역시 벽면이나 천장을 자유롭게 다니는데, 도마뱀붙이의 발가락에 수없이 나 있는 빳빳한 털과 벽 사이에 분자 간 인력이 작용하기 때문이다. 전자현미경으로 관찰해야 겨우 보이는 털 한 올 한 올이 대상 물체와 아주 가까이 있기 때문에 분자 간 인력이 작용하여 벽에 달라붙어 있을 수 있는 것이다.

수도꼭지에서 한 방울씩 떨어지는 물방울은 공 모양이다. 빗방울도 공기의 저항 때문에 약간 일그러지기는 하지만 둥근 형태를 띤다.

이는 물에 표면적을 최소한으로 하려는 힘이 작용하기 때문이다. 이 힘을 표면 장력이라고 한다.

표면 장력은 액체 표면에 있는 분자 간 인력이 액체 속에 있는 분자 간 인력과 다르기 때문에 일어난다. 액체 속에 있는 분자는 모든 방향에서 똑같은 크기의 인력을 받는다. 하지만 표면에 있는 분자는 좌우 및 아래쪽 분자와는 서로 끌어당기면서도 위쪽 분자의 힘은 받지 않기 때문에 아래에서 끌어당기는 힘이 커진다. 이때 표면 장력이 발생하게 된다.

표면 분자와 내부 분자가 받는 힘

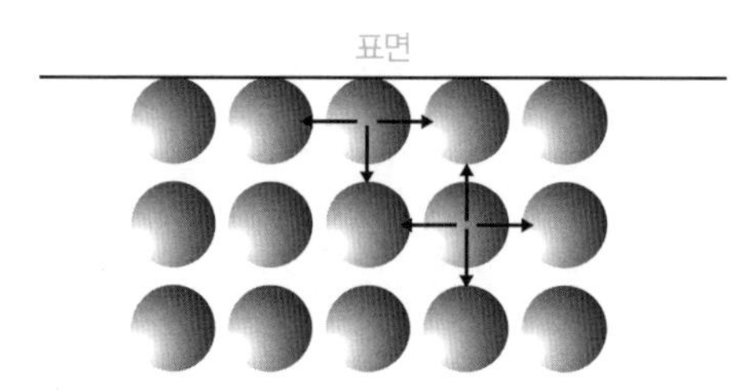

액체 내부에 있는 분자는 표면에 있는 분자보다 에너지가 안정적이다. 다시 말해 액체 표면에 있는 분자는 에너지가 남는다.

물의 표면 장력은 큰 편이며, 물보다 표면 장력이 더 큰 물질은 수은 체온계에 들어 있는 수은 정도다.

한편, 물에 세제나 샴푸 같은 계면활성제를 넣으면 표면 장력이 눈에 띄게 작아진다.

06 빨대로 음료수를 빨아올리는 것에는 어떤 힘이 작용할까?

공기가 누르는 힘, 대기압

압력은 면적 1㎡당 수직으로 누르는 힘의 크기다. 압력의 단위는 Pa(파스칼)이며, 1Pa는 1N/㎡와 같다. 압력은 수직으로 누르는 힘을 면적으로 나누어 구할 수 있다.

우리는 지표면 위에서 생활한다. 그리고 우리 머리 위에는 3만㎞ 정도 되는 대기권이 있다. 토리첼리(1608~1647)는 "인간은 대기라는 바다의 밑바닥에 살고 있다."고 말한 바 있는데, 그 말대로 우리는 대기 아래에서 살아간다. 공기에도 무게(질량)가 있다. 지표 근처에서 20℃일 때 공기 1ℓ의 무게는 약 1.2g이다. 이 공기가 우리의 머리 위에 떠 있고, 그 무게는 1㎠당 약 10N(약 1kg에 해당하는 중력)이다. 지표에 있는 대기, 즉 공기는 이 무게로 지표면을 누르는데 이러한 공기의 압력을 대기압이라고 한다. 대기압은 약 1,013hPa(1기압)이며, 여기서 헥토(h)는 100배를 의미한다.

실험 6 빨대 두 개를 입에 물고 한 개는 컵 속 주스에, 또 한 개는 컵 밖에 둔다. 과연 주스를 마실 수 있을까?

답은 '그렇지 않다'이다. 빨대를 이용해서 음료수를 마실 때 우리는 뺨에 힘을 주어 입안의 압력을 내린다. 그러면 음료수는 대기압에 밀려 입안으로 들어오는데 이 실험에서는 컵 밖에 나와 있는 빨대 때문에 입안이 대기압과 똑같은 상태가 된다. 그래서 주스에 대기압이 있더라도 입안 역시 똑같이 대기압이기 때문에 주스가 빨대로 빨려 올라오지 않는 것이다. 입안의 압력을 대기압보다 낮게 해야 빨대로 주스를 마실 수 있다.

1기압으로 약 10m의 물기둥을 떠받칠 수 있다

1기압은 76㎝ 높이의 수은 기둥을 떠받칠 수 있다. 그렇다면 무거운 액체 금속인 수은 대신 물로 실험하면 어떤 결과가 나올까? 계산상으로 1기압은 약 10m의 물기둥을 떠받칠 수 있다.

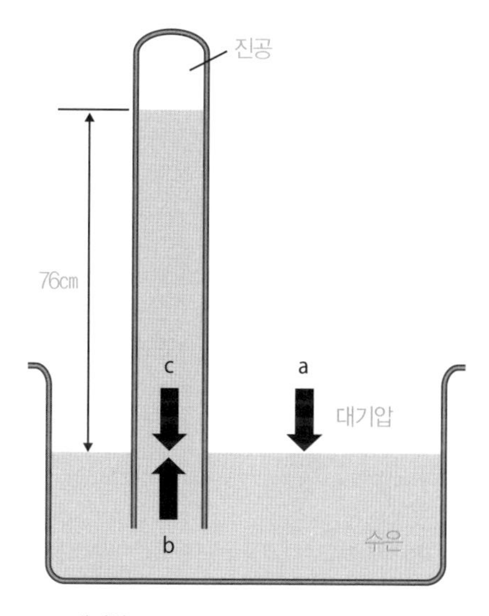

a 대기압
b 대기압이 수은을 밀어 올리는 압력
c 수은에 의한 압력
a=b=c 대기압이 76㎝의 수은 기둥을 떠받친다.

그래서 나는 10m가 넘는 길이의 투명 비닐 호스에 물을 가득 채워 들고 계단을 올라가는 실험을 해 보았다. 이때 호스의 한쪽 끝은 물이 든 양동이에 담가 놓고, 다른 한쪽 끝은 고무마개로

막은 뒤 철사로 단단히 둘러매서 구멍을 완전히 막았다. 나는 구멍이 막힌 쪽을 들고 계단을 오르기 시작했다. 1층, 2층, 3층까지 올라갔지만 호스 속의 물은 여전히 가득 차 있었다. 그런데 4층, 높이로 10m가 조금 안 되는 지점에 다다르자 비닐 호스에 변화가 일어났다. 호스 속에 틈이 생기면서 그 부분이 찌그러진 것이다. 물은 더 이상 올라오지 않았고, 자세히 살펴보니 물속에서 작은 기포가 올라오는 모습이 보였다. 틈이 생긴 호스 윗부분이 거의 진공 상태가 되면서 물에 녹아 있던 공기가 빠져나온 것이다. 아래의 수면은 1기압이고, 틈이 생긴 호스 윗부분은 수증기와 약간의 공기가 있어 완전한 진공 상태는 아니지만 매우 낮은 기압이 되었다. 이렇게 호스 아랫부분의 대기압이 호스 윗부분의 기압보다 커지면서 10m의 물기둥을 떠받칠 수 있게 된 것이다.

그러므로 만약 입안을 진공 상태로 만들 수만 있다면 10m 아래에 있는 주스도 마실 수 있게 된다.

하지만 입안을 진공 상태로 만들기란 불가능하므로, 대신 3m 길이의 호스를 이용해 2층 베란다에서 주스를 마실 수 있는지 도전해 보았다. 그 결과, 주스를 마실 수 있었다! 다만 입안의 기압을 3분의 1까지 내려야 하므로 너무 많이 하면 혀의 모세혈관이 터져 내출혈이 일어날 위험이 있으니 주의해야 한다.

대기압에서 페트병 찌그러뜨리기

이번에는 대기압에서 페트병을 찌그러뜨리는 실험을 해보자. 뜨거운 물을 써야 하니 꼭 목장갑과 같은 보호 장비를 착용하는 것도 잊지 말자.

실험 7 빈 페트병에 뜨거운 물을 20~30% 정도 붓고, 흘러넘치지 않도록 조심하며 옆으로 살살 흔든다. 내부의 공기가 전부 빠지고 수증기로 가득해질 때까지 충분히 흔든 다음, 뜨거운 물을 버리고 바로 뚜껑을 잠근다. 과연 페트병은 찌그러질까?

그렇다. 페트병 내부에 공기가 거의 없어지고 따뜻한 수증기로 가득 차면, 그 수증기가 외부의 대기압에 대항한다. 계속 내버려 두면 수증기가 식으면서 응결하여 물방울이 맺히고, 내부의 압력이 대기압보다 낮아지므로 페트병은 찌그러진다.

07 심해어는 어떻게 2만 1,000hPa 이상의 압력을 견딜까?

실험 8 페트병 옆면에 작은 구멍을 세 군데 뚫는다. 페트병에 물을 가득 채운 다음, 그 구멍으로 나오는 물줄기를 관찰해 보자.

물이 깊으면 깊을수록 물의 압력인 수압이 커진다.

물속에 바닥 면적이 1㎡인 물기둥이 있다고 상상해 보자. 수심 1m에서는 물의 부피가 1㎥이고 질량은 1,000㎏이다. 질량 1,000㎏인 물의 무게는 9.8×1,000(N)이다.

따라서 수심 1m일 때 물의 수압은 9.8×1,000(N)÷1(㎡)=9,800(Pa)이 된다. 1m씩 내려갈 때마다 9,800Pa씩, 대략적으로 수심 1m당 약 1만 Pa(=100hPa)씩 수압이 증가한다.

그리고 깊이에 따른 수압에 대기압도 더해야 한다. 물 위에 대기가 있기 때문이다.

수심 1m에서는 100hPa+대기압 1,000hPa=1,100hPa이다.

수심 10m에서는 100hPa×10+대기압 1,000hPa=2,000hPa이다.

수심 200m에서는 100hPa×200+대기압 1,000hPa=21,000hPa이 된다.

일반적으로 어류의 몸속에는 부레라는 공기주머니가 있는데, 물속에서 위아래로 오갈 때 부력을 조절하는 기능을 한다. 그런데 수심 200m 이상의 깊은 바다에 사는 물고기인 심해어는 대체로 부레가 없다. 수심이 깊을수록 수압이 커져서 부레가 찌그러져 버리기 때문이다. 그래서 수압과 상관없이 수심 200m 이상의 깊은 바다에서도 살 수 있는 것이다.

하지만 수심 200m 근처에 사는 심해어의 경우에는 몸속에 부레가 있다. 대신 수심 200m 근처에 사는 심해어는 2만 1,000hPa이라는 어마어마하게 큰 수압을 견뎌야 하기 때문에 부레가 찌그러지지 않도록 수압과 똑같은 크기로 몸 안에서 밖으로 미는 압력이 있다.

이러한 심해어를 물 밖으로 낚아 올렸다고 생각해 보자. 이 심해어는 어떻게 될까? 심해어 몸 밖의 압력이 갑자기 대기압인 1,000hPa로 바뀌면서 몸속의 압력은 갑작스러운 변화에 따라가지 못하게 될 것이다. 따라서 심해의 수압인 2만 1,000hPa에서 대기압을 뺀 2만 hPa의 압력이 심해어의 몸에서 밖으로 가해진다. 그 결과 부레가 크게 부풀어 오르며 입 밖으로 밀려 나오고 눈알도 튀어나온다. 처음 이 광경을 목격한다면 경악을 금치 못할 것이다.

이는 밀봉된 과자 봉지를 가지고 높은 산 정상에 오르면 봉지가 빵빵하게 부풀어 오르는 현상과 비슷하다. 산기슭에 있을 때 과자 봉지는 바깥의 대기압과 봉지 안에서 미는 압력이 서로 평형을 이루어 평소와 다름없는 모습이다. 그러나 높은 산 정상에 올랐을 때는 봉지 속의 압력은 똑같지만 밖에서 봉지를 누르는 대기압이 낮아지기 때문에 봉지가 터질 듯이 부풀어 오른다.

파스칼 법칙

실험 9 무색투명한 유리병에 물을 가득 담고 아주 약간의 공기만 들어 있게 한다. 투명 비닐을 잘라 뚜껑처럼 덮고 노란 고무줄로 단단히 묶는다. 병을 옆으로 눕혀서 공기 방울이 병 속의 한가운데에 오도록 한다. 비닐로 싼 병의 주둥이 부분을 누르면 공기의 모양과 위치는 어떻게 변할까?

빈틈없이 채우고 입구를 막아서 움직이지 못하는 액체의 어느 한 군데에만 압력을 가하면 액체가 있는 모든 곳에 압력이 똑같이 증가한다. 이것을 파스칼 법칙이라고 부른다.

몇 군데에 구멍을 뚫은 투명 비닐봉지에 물을 담고 어느 한 군데만 눌러 보자. 깊이에 따라 다른 수압 때문에 아랫부분의 물이 약간 더 세게 나오지만, 무시하고 계속 누르면 모든 구멍에서 물이 똑같이 나온다.

이 실험에서는 병의 입구 부분에 가한 압력이 병에 든 액체 전체에 똑같이 전달되기 때문에 그 압력으로 액체가 모든 방향에서 공기 방울을 누른다. 따라서 공기 방울의 모양이 점점 작아지게 된다.

파스칼 법칙은 액체나 기체 상태일 때 성립한다. 액체나 기체 속 분자는 사방팔방으로 활발하게 분자 운동을 하고, 어떤 경계면이든 상관없이 서로 압력을 가하기 때문이다. 고무풍선을 불면 전체적으로 고르게 부풀어 오르는데, 이 또한 파스칼 법칙이 성립한다는 증거다. 입으로 불어 넣은 압력이 풍선 전체에 골고루 전달되어 풍선의 부피가 늘어난다.

파스칼 법칙은 작은 힘으로 큰 힘을 발생시킬 수 있기 때문에 유압을 이용하는 자동차 브레이크 계열, 유압 펌프나 유압 모터 등 우리 생활 주변에서 널리 활용되고 있다.

부력을 설명하는 아르키메데스 법칙

실험 10 저울 위에 물이 든 컵을 놓고, 눈금을 읽으면서 물속에 손가락을 담가 보자. 눈금은 어떻게 될까?

손가락을 담그면 물의 높이가 올라간다. 올라간 물의 높이를 유성펜으로 표시한 후 손가락을 빼고, 표시한 부분만큼 물을 더 부어 보자. 이때 저울은 손가락을 담갔을 때와 같은 눈금을 가리킬 것이다.

실험 10은 '유체(액체와 기체) 속의 물체가 받는 부력의 크기는 그 물체가 밀어 낸 유체의 무게와 같다'라는 아르키메데스 법칙을 바탕으로 생각할 수 있다.

물에 손가락을 넣으면 손가락은 위로 뜨려는 부력을 받는 동시에 그 반작용으로 물을 아래로 누른다. 그만큼 눈금이 늘어나는데, 손가락이 밀어낸 물의 무게만큼 눈금이 늘어난다는 주장이 바로 아르키메데스 법칙이다. 손가락이 밀어낸 물의 부피란 다시 말해서 물속에 넣은 손가락의 부피다.

이 법칙은 고대 그리스의 철학자이자 물리학자인 아르키메데스(B.C. 287~B.C. 212년)가 발견했다. 아르키메데스는 왕관을 망가뜨리지 말고 황금 왕관의 혼합물을 확인하라는 왕의 특명을 받고 고민하던 중 욕조에 몸을 담그다가 몸의 부피 때문에 물이 넘치는 것을 보고 그 원리를 깨달았는데, 몹시 기쁜 나머지 "유레카!(알아냈다!)"라고 소리치면서 벌거벗은 채 그대로 뛰어 나왔다는 일화는 아주 유명하다.

아르키메데스가 발견한 물속 부력 외에도 우리는 공기 중에서 공기를 밀어낸 만큼의 부력을 받고 있다.

제6장

지하철 안에서 점프하면 어떻게 될까?

운동과 힘

01 움직이는 버스나 지하철 안에서 점프하면 어디에 착지할까?

실험 1 시속 80㎞로 달리는 지하철 안에서 30㎝ 높이로 점프하면 어느 지점에 착지할까?

답은 '아무리 점프를 거듭해도 뛰기 전의 바로 그 지점에 착지한다'이다. 우리가 뛰어올랐을 때 지하철은 계속 움직이고 우리는 멈출 것 같은데 왜 그럴까? 이유는 우리가 관성 법칙이라는 운동의 원리에 영향을 받고 있기 때문이다. 지구는 시속 1,400㎞로 돌고 있어서 점프했을 때도, 착지했을 때도 관성 법칙의 영향을 받고 있는 우리는 계속해서 같은 속도로 지구와 함께 돌고 있다. 그래서 점프하기 전에 지구와 함께 돌던 속도는 점프했을 때도 여전히 유지되는 것이다.

관성 법칙이란?

물체에 작용하는 성질 중 하나로 관성이 있다. 관성은 움직이는 물체는 계속 움직이려고 하고, 정지한 물체는 계속 정지하려는 성질이다.

물체에는 이러한 관성이 작용하기 때문에 외부에서 아무런 힘을 받지 않으면 계속 정지해 있거나 일정한 속도로 운동한다. 외부의 힘이 작용하지만 합력이 0일 경우도 마찬가지다. 이렇게 물체의 운동 상태가 변하지 않는 것을 관성 법칙이라고 한다.

지하철 안이나 지구 위 혹은 로켓이 운동하는 우주 공간 어디에서든지 관성 법칙은 성립한다.

갈릴레이의 지동설과 관성 법칙

관성 법칙은 17세기 무렵에 갈릴레이가 처음으로 밝혀낸 법칙이다.

당시에 지동설이 제기되자, '지구가 서쪽에서 동쪽으로 돈다면 높은 탑이나 돛대에서 떨어뜨린 돌은 직선으로 낙하하지 않고 서쪽으로 치우쳐야 한다'는 거센 반론이 나왔다.

그때는 수직으로 던져 올렸거나 떨어지는 물체는 손에서 벗어났을 때 위나 아래를 향하지만 진행 방향으로는 속도가 0이 된다고 여겼던 것이다. 이 생각대로라면 앞에서 해 본 실험 1도 착지 지점이 점프한 지점보다 서쪽이어야 한다. 당시에도 움직이는 배의 돛대 위에서 물체를 떨어뜨려 보는 등 실제로 확인할 방법은 얼마든지 있었다. 그래서 관성 법칙은 지동설을 반박하던 당시 여론에 반기를 들고 지동설을 지지하는 근거로 이용되었다.

경사면 A–수평면–경사면 B가 있을 때, 마찰과 공기 저항을 무시한다

경사면을 구르는 물체

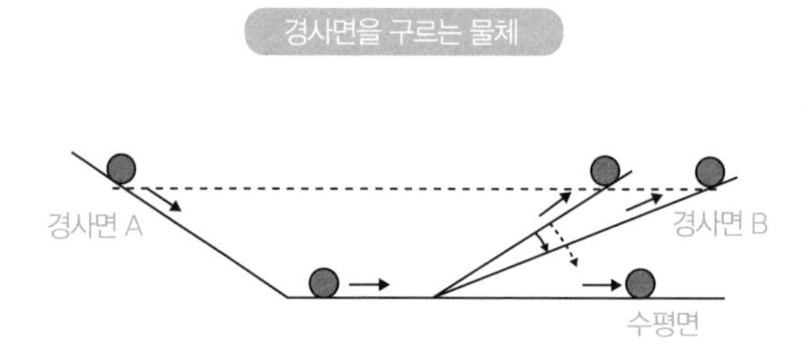

고 가정하고 A의 일정 높이에서 물체를 굴리면 경사면 B의 똑같은 높이까지 굴러 올라갔다가 되돌아온다.

경사면 B의 기울기를 점점 완만하게 하면, 물체가 경사면 B에서 올라가는 높이는 똑같지만 이동하는 거리가 더 길어진다. 또 경사면 B를 수평으로 하면, 물체는 일정한 속도로 끝없이 운동을 계속할 것이다. 이것이 갈릴레이의 사고 실험이다.

생활 속의 관성 법칙

물체가 계속 움직이려면 힘이 필요하다. 힘을 받지 못하면 물체는 멈춰 버린다.

그러나 물체가 아무 힘도 받지 않거나 받은 힘의 합력이 0이 되는 상황은 매우 드물다. 지구상의 물체에는 중력과 공기 저항이 작용하기 때문이다. 또 면과 물체 사이에는 마찰력도 있다.

예를 들어 책상을 손으로 밀다가 멈추면 책상도 멈춘다. 책상다리와 지면 사이의 마찰력이 책상의 운동을 방해했기 때문이다. 책상다리에 바퀴를 달아서 책상이 받는 마찰력을 줄이면 책상은 밀다가 손을 떼더라도 바로 멈추지 않고 얼마간 계속 움직인다. 더불어 공기 저항까지 줄일 수 있다면, 한 번 민 후에 속도가 붙었을 때 그 속도로 영원히 움직일 것이다. 하지만 지면의 마찰과 공기 저항을 완전히 없애기란 현실적으로 불가능하다.

다시 말해, 우리는 '물체에 다양한 힘이 작용해 운동을 멈추는' 상황만 접했기 때문에 관성 법칙을 별로 실감하지 못하는 것이다. 하지만 관성 법칙은 우리 생활 전반에서 아주 흔하게 접하고 있다.

예를 들면 '갑자기 도로에 뛰어들지 마세요. 차는 바로 멈춰 설 수 없습니다.'와 같은 당부는 자동차의 관성이 잘 드러난 말이다.

또 자동차나 지하철이 급출발하면 승객은 몸이 뒤로 쏠린다. 승객은 관성 법칙에 따라 계속 정지해 있으려고 하는데, 자동차는 정지 상태에서 벗어나 앞으로 움직이려고 하기 때문이다.

관성 법칙을 이용한 재미있는 실험

실험 2 컵 위에 두꺼운 판지를 덮고 동전을 올린다. 손가락에 힘을 줘서 판지를 수평 방향으로 세게 쳐 내면 동전은 어떻게 될까?

판지만 수평 방향으로 날아가고 동전은 컵 속에 떨어질 것이다. 동전은 처음 속도인 0을 유지하며 같은 장소에 있으려고 하기 때문이

다. 이번에는 마술처럼 신기한 실험을 해 보자.

실험 3 맥주병 입구에 지폐를 올리고 그 위에 다른 맥주병을 거꾸로 세운다. 지폐의 가장자리를 잡고 천천히 잡아당기면 거꾸로 세운 병이 쓰러진다. 이번에는 한 손으로 팽팽하게 지폐를 잡고, 다른 손 집게손가락으로 재빠르게 눌러서 돈을 휙 빼 본다. 위에 있는 병을 넘어뜨리지 않고 돈을 뺄 수 있을까?

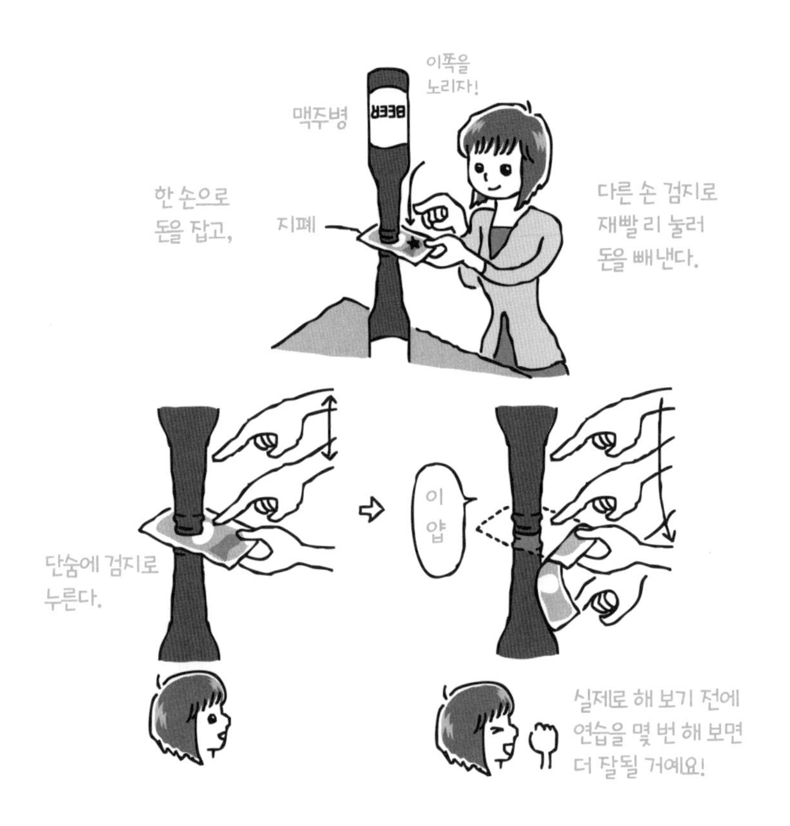

실험 결과, 돈을 잡아당길 때보다 돈의 가장자리를 잡고 다른 손 집게 손가락으로 재빨리 눌러서 뺐을 때 병을 넘어뜨리지 않고 돈만 성공적으로 빼낼 수 있었다. 관성 법칙이 성립해서 병이 계속 그 자리에 있으려 하기 때문이다.

위에 거꾸로 세운 맥주병을 가벼운 페트병으로 바꾸면 실험이 성공적으로 진행되지 않는다. 질량이 큰 물체일수록 관성도 크게 작용하기 때문이다. 다시 말해, 질량이 큰 물체일수록 잘 움직이지 않는다. 이런 법칙을 적용해 무중력 상태에서는 '쉽게 움직이는지 아닌지'로 물체의 질량을 잰다.

삶은 달걀과 날달걀을 깨지 않고 가려낼 수 있을까?

실험 4 삶은 달걀과 날달걀을 한 개씩 준비한다. 삶은 달걀을 양손가락으로 잡고 회전시켜 보고, 날달걀을 회전시켜 본다. 어떻게 다를까?

달걀을 팽이처럼 돌리면 깨뜨리지 않고 세울 수 있다. 달걀을 접시 위에 놓고 손가락 두 개로 잡아서 한번 돌려 보자.

그런데 이렇게 해서 세울 수 있는 것은 삶은 달걀일 때의 이야기다. 삶은 달걀을 돌리면 볼록한 부분이 금세 넘어지지 않고 얼마 동안 계속 돌려고 한다.

날달걀은 삶은 달걀보다 회전시키기가 훨씬 어렵다. 껍데기 속에 유동체가 있기 때문이다. 정지해 있던 유동체의 계속 멈춰 있으려는 관성이 껍데기의 회전을 방해하는 것이다.

또한 삶은 달걀은 날달걀보다 훨씬 빠르게 회전한다. 이 차이점으로 삶은 달걀과 날달걀을 구별할 수 있다. 또 회전하는 달걀을 손가락으로 건드린 후에 손을 떼면, 삶은 달걀은 회전을 바로 멈추지만 날달걀은 몇 번 더 돈다. 껍데기를 멈추게 해도 껍데기 속의 유동체는 관성에 의해 여전히 움직이기 때문이다.

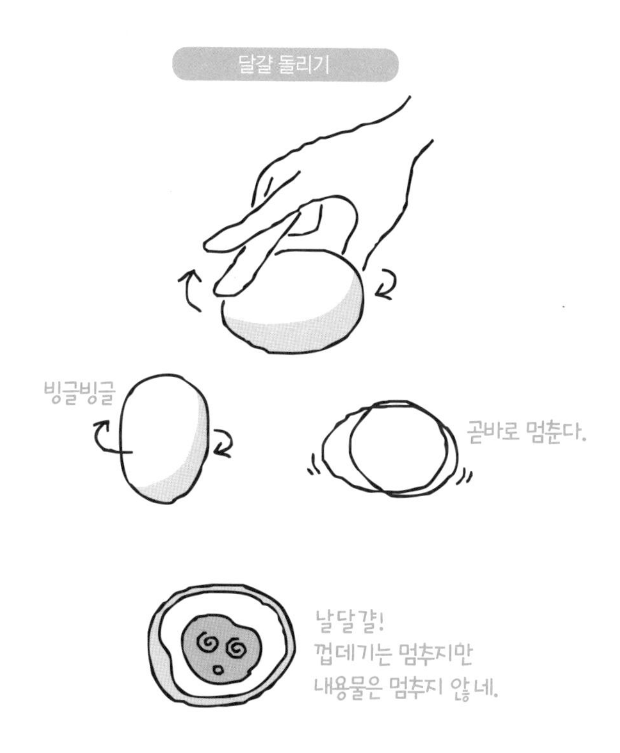

식탁에서도 관성을 관찰할 수 있다. 국그릇을 돌린 후에 내용물을 잘 관찰해 보자.

내용물은 돌아가지 않고 멈춰 있을 것이다. 이 역시 관성의 힘이 작용하였기 때문이다. 다만, 물의 경우 몇 번 반복하다 보면 물의 점성 때문에 그릇과 물이 서로 스치면서 같이 움직이게 된다.

또 수프나 카레 같은 걸쭉한 음식도 그릇에 달라붙기 쉬우므로 그릇과 함께 돌아간다.

우주 공간에서 물건을 던지면 어떻게 될까?

마찰이나 공기 저항 등 운동에 방해될 만한 것이 없다면 물체는 관성만으로 일정 속도의 운동을 계속한다. 이것을 등속 직선 운동이라고 한다.

예전에 나는 공기를 내뿜으며 물에 살짝 뜨는 원리로 움직이는 공기부양선을 만든 적이 있다. 다른 배보다 마찰이 적기 때문에 사람을 태우고 살짝 힘주어 밀기만 해도 잘 움직였다.

나아가 지구 밖으로 시선을 돌리면 마찰력과 공기가 없는 세계가 펼쳐진다. 바로 우주 공간이다.

우주 탐사선은 연료를 소비하며 지구의 중력권에서 벗어나지만, 그 후부터는 관성 법칙에 의해 끝없이 등속 직선 운동을 한다. 다만 중력으로 행성에 착륙하려고 역분사할 때나 우주선 밖으로 물건을 버릴 때는 속도가 변한다.

또한 우주 공간에 배출된 물체는 빠른 속도로 무한하게 이동한다. 실제로 유인 우주선인 스페이스 셔틀(Space Shuttle)이 우주 공간에서 작업을 벌이던 중 비행사가 놓쳐 버린 수리 도구를 회수하지 못한 사고도 있었다고 한다.

그렇다면 우주 공간으로 배출된 소변은 어떻게 될까? 유인 우주선에서 바깥으로 배출된 소변은 금세 얼어붙어 수많은 얼음 방울 형태로 흩어진다. 그런데 이 얼음 방울은 질량 때문에 우주선의 궤도에 큰 영향을 주기도 한다. 이는 모든 질량이 있는 물체는 잡아당기는 인력이 있기 때문이다.

등을 민 범인은 관성력

움직이던 지하철이 급정거하면 진행 방향으로 몸이 쏠려 넘어진다. 길을 걷다가 몸이 앞으로 기울 때는 갑자기 누가 밀었을 경우인데, 급정거한 지하철에서는 과연 누가 나를 밀었을까?

만약 누가 밀었다면 등에 손이 닿은 느낌이 와야 한다. 하지만 닿지도 않았는데 마치 누군가에게 밀린 느낌이 난다. 접촉점이 없고 힘이 작용하지 않는데도 밀린 느낌이 드는 이 가상의 힘을 겉보기 힘이라고 하며, 물리 용어로는 관성력이라고 부른다. 지하철이 갑자기 급정거했을 때 '앞쪽으로 관성력이 작용했다'고 말할 수 있다.

자동차가 커브를 돌면 안에 탄 사람은 바깥쪽으로 몸이 쏠리는데, 이 또한 관성력이다. 커브를 도는 것은 원운동인데, 이때 바깥쪽으로 관성력이 작용한다. 원운동을 할 때 작용하는 관성력을 원심력이라고 부른다.

실험 5 빨대 입구에 성냥을 넣고 불면 성냥이 날아간다. 빨대 한 개일 때와 빨대 두 개를 연결해서 길게 만들었을 때, 어느 쪽 성냥이 더 멀리 날아갈까?

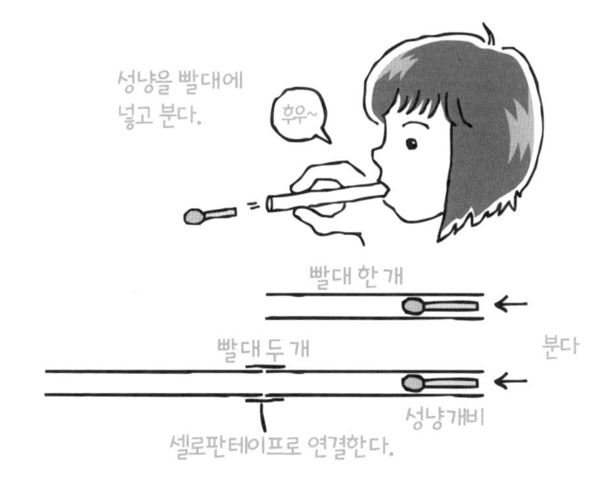

실험 5의 경우 빨대 두 개를 길게 연결한 쪽의 성냥이 훨씬 멀리 날아간다. 이를 통해 권총과 소총의 차이점을 알 수 있다. 권총보다 총신의 길이가 긴 소총의 총알이 초기 속도가 빨라서 더 멀리 날아간다. 물론 총과 총알의 영향도 있지만 권총의 초기 속도는 초속 250~400m, 소총은 초속 800~1,000m다. 이는 권총보다 소총이 가속을 받는 구간이 길기 때문이다.

가속도 운동

외부에서 어떤 힘도 받지 않는 물체는 등속 직선 운동을 계속한다. 그렇다면 물체가 외부로부터 힘을 받으면 어떤 운동이 될까?

정지한 물체 혹은 등속 직선 운동을 하는 물체에 힘을 가하면 운동에 변화가 생긴다. 움직이거나 운동 방향이 바뀌기도 하고, 속도가 붙거나 반대로 속도가 떨어지기도 한다.

정지한 물체가 움직이는 것 또한 가속이다. 움직이는 물체도 움직이는 방향으로 힘을 계속 가하면 속도가 점점 빨라진다. 이렇게 힘은 물체의 운동 속도를 변화시킨다.

실험 6 지우개와 똑같은 크기로 자른 스티로폼을 1.5m 높이에서 떨어뜨리면 지우개와 스티로폼 중 어느 쪽이 더 빨리 떨어질까?

골프공과 탁구공이 있다면 그것으로 실험해도 좋다. 결과는 바닥에 떨어졌을 때 나는 소리로 판단하면 된다.

실험을 해 보면, 두 물체가 거의 동시에 떨어지는 것을 알 수 있을 것이다. 물체의 낙하에는 중력과 공기 저항력이 작용하지만 이 실험에서는 낙하 거리가 짧기 때문에 공기 저항력은 무시해도 된다. 하지만 더 높은 곳에서 떨어뜨릴 경우에는 공기 저항력의 영향을 받아 확연한 차이로 지우개(혹은 골프공)가 더 빨리 떨어진다.

실험 7 종이를 100원짜리 동전보다 작은 원으로 오린다. 100원짜리 동전과 오린 종이를 1.5m 정도 높이에서 따로따로 떨어뜨려 보자. 그 다음에는 동전 위에 오린 종이를 올린 후 같이 떨어뜨려 보자. 과연 어떻게 될까?

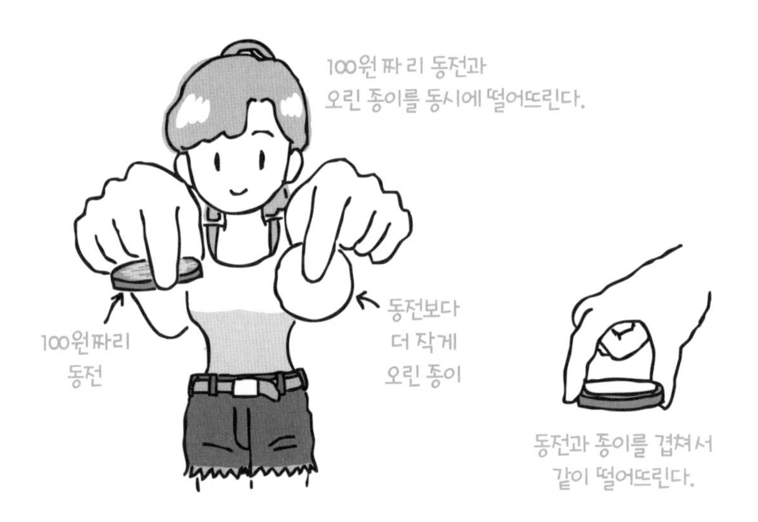

동전과 종이를 따로 떨어뜨렸을 때 종이는 동전보다 늦게 떨어진다. 종이가 공기 저항력에 의한 영향을 더 크게 받기 때문이다.

하지만 100원짜리 동전 위에 오린 종이를 올려서 같이 떨어뜨렸을 때는 동전과 종이가 동시에 떨어진다.

이번에는 바람을 넣은 풍선과 그보다 조금 더 큰 책을 준비하고 책에 풍선을 올린 채 떨어뜨려 보자. 그러면 책과 풍선은 함께 떨어진다.

이처럼 공기 저항력을 무시할 수 있는 경우에는 물체가 동시에 떨어진다.

자유 낙하 운동

쇠공과 깃털을 각각 넣은 유리관을 거꾸로 엎으면 쇠공은 빨리 떨어지지만 깃털은 하늘거리며 천천히 떨어진다.

진공 펌프를 이용해 유리관 속을 진공 상태로 만든 후 똑같은 실험을 하면 이번에는 쇠공과 깃털이 동시에 떨어진다.

낙하 운동은 중력의 작용으로 속도가 점점 증가하는 가속도 운동이다. 그중에서도 공기의 저항이 없고 최초 속도가 0인 낙하 운동을 자유 낙하 운동이라고 한다. 다른 말로 자연 낙하라고도 한다.

낙하 시간과 속도의 관계

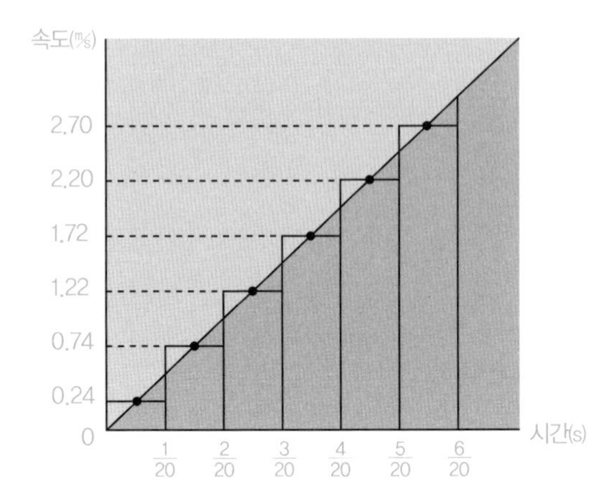

공기의 저항을 무시한다는 가정을 전제로 속도와 시간의 관계를 알아보면 '속도=9.8×시간'이 된다. 즉, 초당 9.8m씩 가속하고 있다는 이야기다.

'속도=9.8×낙하 시간'이므로, 물건을 떨어뜨린 후 시간(초)과 낙하 거리(m)의 관계를 구하면 '낙하 거리=$\frac{1}{2}$×중력 가속도×시간의 제곱'이라는 식이 성립한다.

이는 다음과 같이 정리할 수 있다.

등속 직선 운동은 '속도=움직인 거리÷걸린 시간'이다. 바꿔 쓰면 '움직인 거리=속도×걸린 시간'이 된다. 이는 위 그림 속 그래프의 직사각형 면적에 해당한다. 하지만 낙하 운동은 속도가 시간에 따라 변화하므

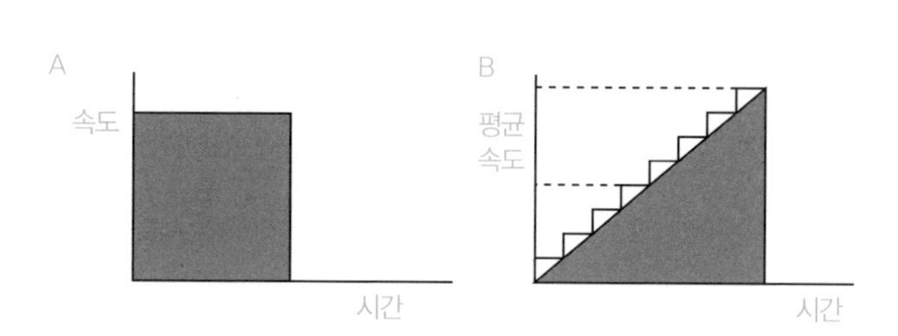

로 매 순간 다른 직사각형을 생각하면서 그 면적을 더할 필요가 있다.

당연한 말이지만 속도는 칼로 자른 듯 바뀌지 않고 점차로 서서히 증가한다. 이 속도의 변화를 그래프로 나타내면 기울기가 일정한 직선이 그려진다. 그 결과 낙하 운동일 때 움직인 거리는 위 그림에서 B의 삼각형 면적에 해당한다.

낙하 운동일 때 움직인 거리=평균 속도×시간=½×순간 속도×시간=½×(9.8×시간)×시간=4.9×시간의 제곱이다.

즉, 자유 낙하 운동은 10초 동안 490m 낙하하고 그때의 순간 속도는 약 350㎞/h이다.

놀이기구의 자유 낙하 운동

놀이동산의 오락시설 중 자유 낙하에 가까운 속도로 급하강하는 놀이기구가 있다. 바로 프리 폴(free fall)이라는 기구다. 자유 낙하한다는 뜻의 영어가 그대로 놀이기구의 이름이 되었다. 롯데월드의 자이로드롭도 프리 폴의 일종이다.

대규모 놀이동산에 가면 하나씩 꼭 있는 프리 폴은 사람이 탄 캡슐을 건물 11층에 해당하는 40m 높이까지 천천히 끌어올렸다가 밑에서 받치던 힘을 빼서 순식간에 떨어뜨리는 방식의 스릴 넘치는 놀이기구다.

40m에서의 자유 낙하는 계산상 2.9초가 걸리는데, 실제로는 공기 저항력도 있고 마지막 단계에서 속도를 줄이기 때문에 최고 속도는 시속 90㎞ 정도이다.

한편 자유 낙하 중에는 무중력 상태를 경험할 수 있다. 예를 들면 자이로드롭을 타고 꼭대기까지 올라갔다가 어느 순간 밑으로 내려오기 시작하는데, 바로 이때 우리는 무중력 상태를 경험한다. 중력과 반대 방향으로 관성력이 작용하기 때문이다. 그리고 마지막으로 놀이기구가 감속할 때는 몸이 눌려 찌그러지는 듯한 느낌을 받는다. 왜 그럴까? 이때는 자유 낙하할 때와는 반대로 중력과 같은 방향으로 관성력이 작용하기 때문이다.

이렇게 물체가 지구의 지표로 자유 낙하할 때 중력에 의해 가속도가 붙는데, 이것을 중력 가속도라고 한다. 중력 가속도는 흔히 g(gal)로 표시하는데, 이는 갈릴레이의 이름에서 따온 것이다.

높은 하늘에서 떨어지는 빗방울을 맞아도 아프지 않은 이유는?

높은 곳에서 떨어진 물체는 중력 가속도 때문에 엄청난 속도로 떨어진다. 그렇기 때문에 높은 곳에서 떨어진 물체에 맞으면 자칫 크게 다칠 수도 있다.

이론대로라면 하늘에서 떨어지는 빗방울에도 중력이 작용하기 때문에 당연히 엄청난 속도로 떨어져야 한다. 그런데 왜 빗방울은 맞아도 아프지 않을까?

빗방울은 생긴 순간부터 점차 속도를 높이며 낙하하고, 그러는 동안 공기 저항력도 커진다. 그러다가 어느 지점에 도달하면 중력과 공기 저항력이 평형을 이루고, 그 후에는 등속 직선 운동을 하며 떨어지기 때문이다. 속도는 대체로 초당 1~8m 정도다.

한편, 빗방울은 우리가 흔히 알고 있는 물방울 모양이 아니다. 떨어지는 빗방울을 고속으로 촬영해서 보면 사실은 공기의 저항력을 받아 납작한 모양이다.

등속 운동과 등가속도 운동이 함께 작용하는 포물선 운동

수평으로 던진 공의 운동을 수평 방향과 수직 방향으로 나누어 살펴보자.

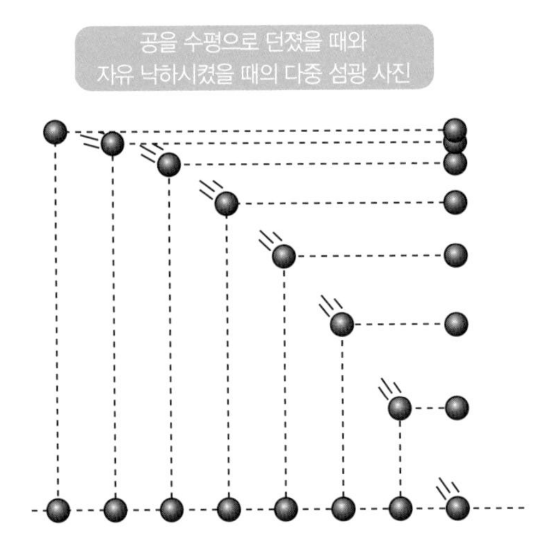
공을 수평으로 던졌을 때와 자유 낙하시켰을 때의 다중 섬광 사진

공기의 저항을 무시하면 수평 방향으로는 공중에서 물체에 작용하는 힘이 없기 때문에 물체는 관성 법칙에 따라 움직인다. 따라서 수평 방향

의 움직임만 보면 속도가 변하지 않는 등속 직선 운동을 한다.

한편, 수직 방향으로는 중력이 작용한다. 그래서 수직 방향의 움직임을 보면 자유 낙하처럼 중력 가속도가 있는 등가속도 직선 운동을 한다.

물체를 비스듬히 위로 던졌을 때도 수평 방향으로는 힘을 받지 않고 수직 방향으로만 중력을 받는다. 그래서 수평 방향의 움직임은 등속 직선 운동, 수직 방향으로는 등가속도 직선 운동을 한다. 그 결과 물체는 포물선을 그리며 운동하므로 이를 포물선 운동이라고 부른다. 수평으로 던져도 그 경로 또한 포물선의 일부이니 포물선 운동에 포함시킬 수 있다.

제7장

지레와 도르래는 어떻게 힘을 늘려 줄까?

일과 에너지

우리의 생활 곳곳에 숨어 있는 지레는 작은 힘으로 큰 힘을 얻을 수 있고 반대로 큰 힘을 작게 만들 수도 있는 유용한 장치다.

평소대로라면 힘으로 절대 이기지 못할 상대도 지레의 원리를 이용하면 손쉽게 이길 수 있다.

실험 1 야구 방망이는 손잡이가 얇고 공을 치는 부분은 굵다. 굵은 부분을 자신이 잡고 가는 손잡이 부분을 상대방이 잡도록 한다. 굵은 부분은 한 손으로 잡기가 힘드니 양손으로 잡는다. 상대방도 똑같이 양손으로 손잡이를 잡게 하자.

상대방에게 어느 쪽으로 돌릴지 물어보고 자신도 똑같은 방향(마주 보고 있으므로 실제로는 반대 방향)으로 돌리겠다고 말한다. 준비가 다 되었으면 동시에 돌린다. 만약 야구방망이가 없으면 입구 부분이 얇은 맥주병으로 대신해도 좋다. 결과는 어떻게 될까?

아마 상대방이 아무리 힘을 주어 방망이를 돌리려고 해도 돌릴 수 없을 것이다.

실험 1은 지레의 원리와 어떤 관계가 있을까?

자, 받침점까지 거리의 비가 1 대 2인 지레를 떠올려 보자. 받침점에서 짧은 쪽에 들어 올리고 싶은 물체를 올리고(작용점), 받침점에서 긴 쪽을 누른다. 그러면 물체의 무게 절반만큼만 힘을 주어도 물체를 들어 올릴 수 있다.

이렇게 힘이 물체를 회전시키는 회전 효과는 힘점에 가하는 힘과 회전 중심에서 작용점까지의 거리(팔 길이)를 곱한 값에 비례한다. 그 곱한 값을 돌림힘 혹은 토크라고 한다.

지레 원리는 가위, 병따개, 구멍 뚫는 펀치 등 우리 주변 곳곳에서 유용하게 쓰이고 있다. 아래 그림의 장도리처럼 받침점 B를 기준으로 힘점 A를 눌러 작용점 C를 들어 올릴 때는 받침점(회전 중심)에서 힘점까지의 거리보다 받침점에서 작용점까지의 거리가 더 가까워야 힘이 훨씬 덜 든다.

그래서 장도리는 이렇게 작용점, 받침점, 힘점 순으로 적용되어 있지만 병따개는 받침점, 작용점, 힘점 순으로 적용되어 있다.

지레의 원리가 적용된 도구

또 힘점이 가운데에 있어서 작용하는 힘보다 작은 힘이 나오는 지레도 있는데, 바로 핀셋이다. 핀셋 같은 지레는 힘이 더 들지만, 받침점에서 작용점까지의 거리가 멀어서 작용점의 움직임을 확대한다. 그래서 부서지기 쉬운 작은 물체를 섬세하게 옮길 수 있다.

실험 1은 야구방망이의 회전을 지레로 간주해서 설명할 수 있다.

쉽게 이해하기 위해서 야구방망이의 손잡이 쪽보다 공을 치는 쪽의 지름이 3배 길다고 가정하자. 야구방망이의 무게 중심이 받침점인 지레라고 생각하면, 두꺼운 쪽이 '1'의 힘을 낼 때 손잡이를 잡고 있는 상대방에게는 '3'만큼의 힘이 작용한다. 회전축에서 먼 쪽을 잡고 힘을 가하는 쪽의 회전 효과, 즉 돌림힘이 크기 때문이다.

힘점에 작용한 힘이 받침점을 중심으로 작용점을 돌리는 지레가 있는데, 야구방망이를 돌리는 실험 1이 바로 이런 종류다.

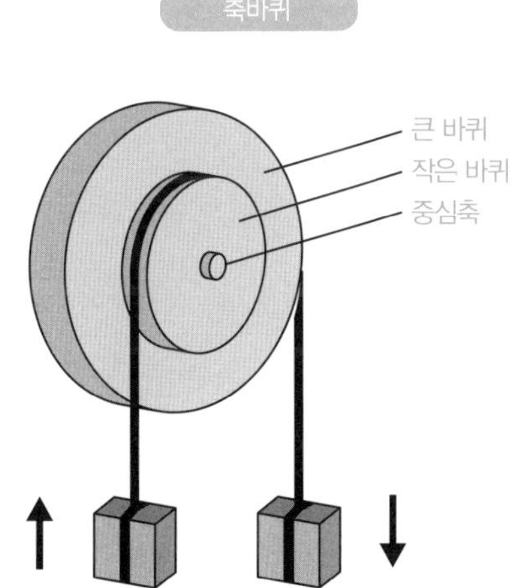

축바퀴라는 도구도 마찬가지다. 축바퀴는 지름이 다른 바퀴 두 개를 같은 중심축에 고정한 장치다. 지름이 긴 바퀴의 줄을 잡아당겨서 지름이 짧은 바퀴에 매달린 무거운 짐을 들어 올린다.

오뚝이 만들기

당근의 무게 중심에 실을 감아 매달면 당근은 수평을 유지한다. 이때 실을 감은 부분을 잘라 당근을 두 동강 낸 후 각각 무게를 재 보자.

그 결과, 두껍고 짧은 당근 토막은 무겁고, 가늘고 긴 토막은 가볍다. 돌림힘이 평형을 이룬다고 해서 중력도 평형을 이루지는 않는다는 사실을 잘 보여 주는 사례다.

실험 2 셀로판테이프 심 안에 저울추를 붙여서 오뚝이를 만든 후 한번 기울여 보자.

직육면체를 기울였을 때 원래 위치로 돌아올지 넘어질지는 무게 중심과 바닥 받침점의 위치 관계에 따라 결정된다.

정지, 안정, 불안정

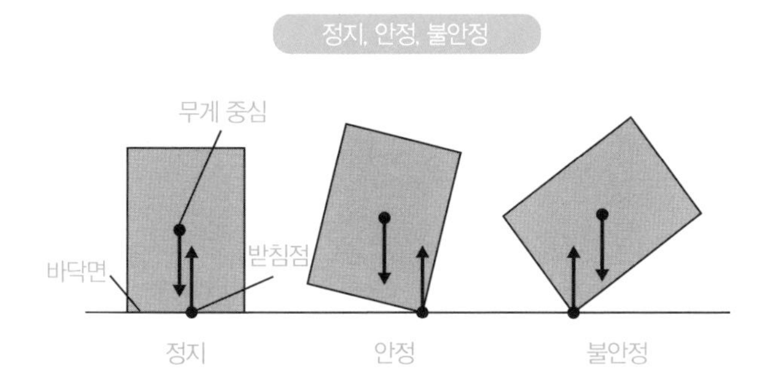

앞의 그림처럼 무게 중심이 바닥면의 범위에 있으면 넘어지지 않고 원래대로 돌아오려는 돌림힘이 작용하지만, 바닥면의 범위에서 벗어나 버리면 물체를 넘어뜨리려는 돌림힘이 작용해서 넘어진다.

오뚝이는 저울추가 바닥면에 있으므로 아무리 넘어뜨려도 다시 원상태로 돌아오게 되는 것이다.

실험 3 음료수 캔을 기울인 상태로 세울 수 있을까? 빈 음료수 캔에 물을 3분의 1 정도 넣고 기울여서 실험해 보자.

물이 가득 찬 캔이라면 기울여 세운 후 손을 떼자마자 바로 넘어진다. 기울였을 때 중심이 바닥면의 범위를 넘어서 물체를 넘어뜨리려는 돌림힘이 작용하기 때문이다. 그러므로 기울여도 무게 중심이 바닥의 범위에 머물도록 인내심을 갖고 잘 조절하면 기울인 상태로도 세울 수 있다.

1492년, 신대륙을 발견하고 금의환향한 콜럼버스를 축하하는 파티가 열렸다. 수많은 사람들이 밀물과 썰물처럼 오가며 콜럼버스의 성공을 축하하는 가운데, 한 남자가 비아냥거리며 이렇게 말했다.

"서쪽으로 계속 항해하다 보니 어쩌다 육지를 만난 것일 뿐 아니오? 그게 이렇게 파티를 열 정도로 대단한 일인지 모르겠군."

이 말을 들은 콜럼버스는 테이블 위에 있던 삶은 달걀을 손에 쥐고 말했다.

"여러분 중에 이 달걀을 세울 수 있는 분 계십니까?"

아무도 나서지 않자 콜럼버스는 달걀 끝을 살짝 깨부수더니 눈 깜짝

할 사이에 달걀을 세웠다.

"보셨습니까? 이렇듯 처음으로 성공하는 것이 어렵지요. 남이 한 일을 그저 따라 하기만 한다면 세상에 어려운 일이 어디 있겠습니까?"

이 일화는 후세에 지어낸 이야기라고 하지만, '콜럼버스의 달걀'은 누구나 할 수 있을 것 같은 일이라도 가장 먼저 하는 것은 어렵다는 교훈을 담고 지금까지 전해 오고 있다.

콜럼버스는 껍데기를 살짝 깨부수어 모양을 바꾸는 방법으로 달걀 세우기에 성공했다. 그렇다면 모양을 바꾸지 않고 달걀을 세울 수 있는 방법은 없을까?

실험 4 책상 위에 소금을 조금 뿌리고 그 위에 날달걀을 살짝 세운다. 달걀이 서면 책상 주변에 남은 소금을 살살 불어서 날려 보자.

실험 결과, 달걀은 쓰러지지 않고 서 있는다. 그렇다면 소금을 뿌리지 않았을 때도 달걀을 세울 수 있을까?

중국의 옛 고서에는 "입춘 때가 되면 달걀을 세울 수 있다."라는 내용이 있다. 그래서 사람들이 입춘 때 달걀 세우기에 도전해 보았는데 정말로 날달걀이 섰다고 한다.

하지만 사실은 입춘 때만이 아니라 조건만 잘 갖춰지면 달걀은 언제든지 세울 수 있다. 달걀 껍데기의 표면을 잘 관찰하면 미세하게 울퉁불

1
소금을 약간 뿌린다.
2
달걀을 세운다.
세워져라!
3
소금을 살살
불어 날린다.
フーッ
달걀이 섰어!
신기하지?

통한데, 튀어나온 부분이 달걀의 받침점이 된다. 그 점들을 연결한 다각형 속에 달걀의 무게 중심이 오게 하면 달걀을 세울 수 있다.

신선하고 껍데기 표면이 까칠까칠한 달걀을 준비하여 주먹을 쥔 양손 사이에 달걀을 둔다. 그리고 엄지와 검지만 펴서 2~3㎝ 정도 간격을 두고 달걀을 잡은 다음 인내심을 가지고 균형을 잡으면 달걀이 언젠가 설 것이다.

사람들이 달걀을 세울 수 없다고 지레짐작하는 것은 어차피 안 된다는 생각으로 오래 기다리지 않고 금세 포기해 버리기 때문이다. 그러다 누군가가 입춘 때 달걀이 선다는 말을 듣고 가능하다고 생각하며 굳게 마음먹고 달걀 세우기에 도전해 보지 않았을까? 이처럼 인내심을 가지고 시도해 본다면 앞서 언급한 대로 굳이 입춘 때가 아니라도 누구든지 달걀을 세울 수 있다.

04 빗자루에 도르래처럼 줄을 감고 끌어당기면?

실험 5 손잡이가 매끈하고 둥근 빗자루 두 개와 짐 쌀 때 사용하는 튼튼한 끈을 5~6m 정도 준비한다. 두 사람이 빗자루의 둥근 기둥 부분을 하나씩 양손에 쥔 후 마주 보고 선다. 빗자루와 빗자루 사이의 간격은 1m 정도 띄운다. 빗자루 하나에 끈을 묶

은 후 두 빗자루에 2, 3회 정도 휘감고, 또 다른 한 사람이 끈의 끝자락을 단단히 잡는다. 마주 선 두 사람은 끈이 팽팽해질 때까지 서로 빗자루를 당기고, 또 다른 한 사람이 끈을 세게 끌어당기면 어떤 일이 벌어질까?

실험을 해 보면, 빗자루를 쥔 두 사람이 끈을 당긴 사람 쪽으로 점점 끌려 올 것이다. 끈으로 빗자루를 한 번 휘감은 상태는 곧 움직도르래 한 개의 역할과 같기 때문이다.

고정 도르래와 움직도르래

도르래의 종류에는 고정 도르래와 움직도르래가 있다.

고정 도르래는 천장에 도르래를 고정하고 줄을 걸어서 물체를 끌어올

고정 도르래와 움직도르래

고정 도르래

당기는 거리가 올라가는 높이와 같다.

동력

움직도르래

당기는 힘은 ½

당기는 거리는 올라가는 높이의 2배

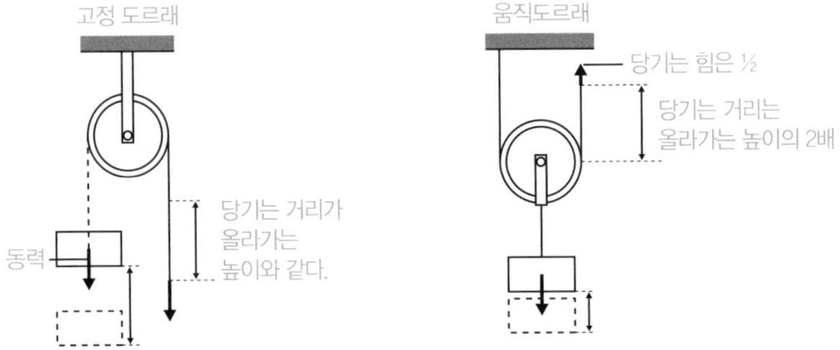

리는 방식으로, 물체를 당기는 방향이 바뀐다. 따라서 작은 힘으로 큰 힘을 낼 수 없다. 한편 도르래가 고정되지 않은 움직도르래는 당기는 힘의 두 배까지 큰 힘을 낼 수 있다. 움직도르래의 이러한 특징을 실험 5를 통해 확인해 볼 수 있다.

위의 그림에서 나무 기둥에 묶은 끈을 유심히 살펴보자. B가 끈을 당기면 끈은 나무 기둥을 끌어당긴다. 그러면 나무 기둥은 같은 크기의 힘으로 끈을 다시 끌어당긴다.

B의 위치에서 보면 B뿐만 아니라 나무 기둥도 끈을 끌어당기고 있다. 그래서 B는 힘을 A의 반만 주어도 평형을 이룰 수 있다. 즉, B 쪽에서는 두 사람이 끌어당기고 있는 것이나 마찬가지다.

움직도르래가 한 개일 때는 힘이 2배, 두 개일 때는 4배, 그리고 세 개일 때는 8배가 된다. 건설 현장의 크레인은 움직도르래와 고정 도르래가 조합되어서 움직이고, 밧줄도 여러 겹 휘둘러져 있다. 그래서 작은 힘으로도 무거운 물체를 끌어올릴 수 있는 것이다.

과학에서의 '일'이란?

힘을 가한 방향으로 물체가 움직였을 때, 힘이 물체에 한 일은 힘의 크기 F와 움직인 거리 s의 곱인 Fs로 나타낸다.

다만 물체가 힘의 방향에 수직으로 움직였을 때는 움직인 방향으로 힘이 작용하지 않기 때문에 힘이 물체에 한 일은 0이 된다. 움직인 방향과 그 수직 방향으로 힘을 분해했을 때 물체에 한 일에는 움직인 방향의 힘만 관여한다.

이렇게 한 일은 힘×거리로 나타내므로 일의 양을 나타내는 단위는 뉴턴 미터(N · m)이며, 줄(J)과 같다. 1J은 1N(약 100g에 작용하는 중력)의 힘으로 물체를 1m 이동시킨 일의 양을 가리킨다.

단위 줄(J)은 일의 양뿐만 아니라 열량(열에너지)이나 에너지의 단위이기도 하다. 열에너지는 cal(물 1g의 온도를 1℃ 올릴 때 필요한 열에너지가 1cal)와 J로 나타낸다. 1cal는 4.2J이다.

도구를 사용해도 양은 변하지 않는 일의 원리

사람들은 오랜 옛날부터 '힘을 되도록 적게 들이면서 일할 방법은 없을까'를 늘 고민해 왔다. 무거운 물체를 들어 올리기 위해 경사면을 이용하기도 하고, 지레와 도르래도 발명했다. 그러자 일을 훨씬 수월하게 할 수 있게 되었다.

경사면이 30°인 곳에서는 직접 들어 올릴 때보다 힘이 반만 든다. 하지만 손해 보는 점도 있다. 30° 경사면에서는 직접 들어 올릴 때보다 두 배 더 많은 거리를 움직여야 하기 때문이다.

일의 원리

수직으로 들어 올린 힘
9.8N
중력
9.8N
20cm
경사면을 따라 끌어 올린 힘은 ½.
움직인 거리는 2배
4.9N
경사면에 평행한
중력의 분력
4.9N
30°
40cm
20cm
중력
9.8N
30°
경사면

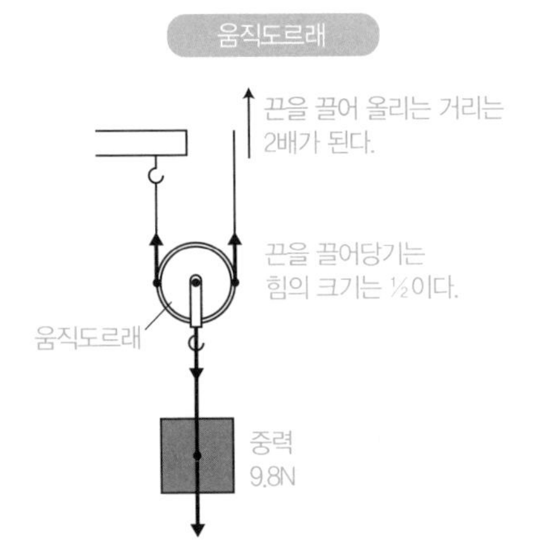

도구를 사용하면 힘을 얻지만 그만큼 거리를 잃기 때문에 결국 일의 양(힘×거리)은 변하지 않는 셈이다. 이를 일의 원리라고 부른다. 지레와 움직도르래 또한 마찬가지다.

일의 효율_일률

도구를 사용했을 때와 사람이 직접 물체를 들었을 때 일한 크기는 똑같다. 그런데도 사람들은 왜 도구를 이용하는 것일까?

이는 일의 효율과 관계가 있다.

사람이 시간을 들여 겨우 한 일을 도구와 기계를 이용해서 하면 훨씬 빠르고 수월하게 작업할 수 있기 때문이다. 도구를 사용하면 비록 해야 할 일의 크기가 똑같더라도 일의 효율을 늘릴 수 있는 것이다.

일의 효율을 '1초 동안 얼마나 일할 수 있는가'로 나타내면 비교하기 쉽다. 이것을 일률이라고 부른다.

일률은 일의 양을 걸린 시간(초)으로 나누어서 구한다.

일률=일의 양 ÷ 걸린 시간

일률의 단위는 와트(W)이며, 초당 1J의 일률은 1J/s = 1W로 나타낸다.

단위 W는 가전제품에서 흔히 볼 수 있는데, 1J/s=1W이므로 1초에 1N으로 1m(=1J) 움직이는 일의 양이다. 100W라면 1초에 100N, 즉 약 10kg짜리 물체를 1m 끌어올리는 일이 된다. 이 일과 100W의 전구를 1초 동안 켜 놓는 일의 양은 똑같다.

일은 열에너지로 변하므로 1초 동안 발생한 열량도 일률로 나타낼 수 있다. 움직여야 하는 일이 많은 사람은 하루에 몸무게 1kg당 30~35㎉ 정도의 에너지를 음식물로 섭취해야 한다. 만약 몸무게가 60㎏이라면 하루에 1,800~2,100㎉를 섭취해야 한다. 참고로 1㎈는 약 4.2J이다.

하루에 2,000㎉, 즉 8,400kJ을 섭취하고 소비한다고 가정해 보자. 하루는 8만 6,400초이므로, 우리가 발생시키는 열은 대략 1초당 100J 정도다. 다시 말해 한 사람당 전구 100W를 켜는 것과 거의 같은 비율로 열을 발생시키고 있는 셈이다.

좁은 방에 사람들이 모여 북적거리다 보면 어느새 공기가 더워지는 것을 느끼는데, 한 사람 한 사람이 전구 100W에 해당하는 열을 내고 있다고 생각하면 당연한 일이다.

05 흔들리는 추의 중간에 장애물을 설치하면 추는 어떻게 될까?

실험 6 실에 반지를 매달아 진자를 만들었을 때, 제일 낮은 위치에 간 진자는 나사(A)를 잡아당긴다. 진자를 B 위치까지 올리고 손을 놓아 보자. 중심추는 나사(A)를 잡아 당긴 후 어느 높이까지 올라갈까?

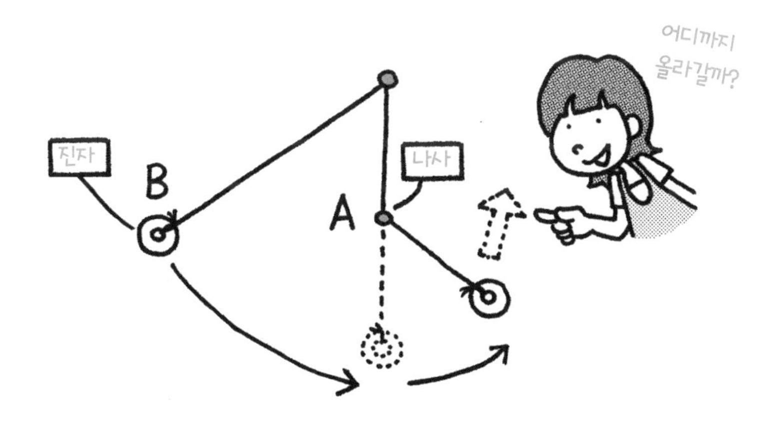

실험을 해 보면, 역학적 에너지가 보존되기 때문에 B점과 같은 위치까지 올라간다.

에너지는 일할 수 있는 능력

물체가 일할 수 있는 상태가 되었을 때, '물체에 에너지가 있다'고 말한다. 에너지의 크기는 '다른 물체에 할 수 있는 일의 크기'로 나타낸다. 즉, 일과 똑같은 단위인 J을 쓴다.

높은 곳에 있는 물체는 낙하해서 아래에 있는 물체를 변형시키거나 움직이게 하는 등 운동의 양상을 바꿀 수 있다. 다시 말해 높은 곳에 있는 물체는 일할 수 있는 상태이며, 에너지가 있다. 이것을 위치 에너지라고 부른다.

위치 에너지는 위치가 높으면 높을수록, 질량이 크면 클수록 커진다. 즉 위치 에너지는 높이와 질량에 비례한다. 정확하게 나타내면 '질량×중력 가속도×높이'다.

운동하는 물체는 다른 물체와 충돌해서 그 물체를 변형시키거나 움직이게 하는 등 운동의 양상을 바꾼다. 즉 운동하는 물체는 일할 수 있는 능력이 있다. 따라서 운동하는 물체는 에너지가 있으며, 이것을 운동 에너지라고 부른다.

물체의 운동 에너지는 물체의 속도가 빠르면 빠를수록, 질량이 크면 클수록 커진다. 더 자세하게 말하면 운동 에너지는 속도의 제곱과 질량에 비례한다. 정확하게는 '½×질량×속도의 제곱'이다.

위치 에너지와 운동 에너지의 합을 역학적 에너지라고 부른다. 위치 에너지와 운동 에너지는 서로 변환할 수 있는데, 그 합계인 역학적 에너지는 항상 일정하다. 이것을 역학적 에너지 보존 법칙이라고 한다.

진자 운동에서는 위치 에너지의 기준을 제일 낮은 곳에 둔다. 일정 높이에서 손으로 들고 있는 저울추에는 위치 에너지만 있고, 그 크기는 '질량×중력 가속도×높이'다. 하지만 손을 놓으면 위치 에너지가 서서히 운동 에너지로 바뀐다. 저울추가 제일 낮은 곳에 다다르면 위치 에너지가 전부 운동 에너지(½×질량×속도 제곱)로 바뀌면서 최대 속도가 되고, 다시 처음 높이로 올라가면 운동 에너지가 위치 에너지로 바뀐다.

수력 발전소는 제일 높은 곳에 있는 물을 떨어뜨린 힘으로 발전기의 터빈을 돌린다. 댐에 저장된 물의 위치 에너지를 운동 에너지로 변환시키는 원리다.

놀이동산에 있는 제트 코스터는 처음에 높은 지점에 다다른 후 레일을 따라 올라갔다 내려오기를 반복한다. 이때 진자 운동처럼 위치 에너지와 운동 에너지가 서로 이동하면서 운동한다. 즉, 처음에 올라간 높이의 위치 에너지보다 더 많은 에너지를 가질 수는 없다. 그래서 처음에 올라간 높이보다 더 높이 올라가는 제트 코스터는 존재하지 않는다.

중력이 없는 우주 공간에서는 위치 에너지를 생각할 수 없다. 중력이 없으면 상하와 높낮이도 존재하지 않기 때문이다.

우주 공간에서 일정 속도로 등속 직선 운동을 하는 물체가 있다고 가정해 보자. 이 물체는 속도의 제곱과 질량에 비례하는 운동 에너지가 있다. 다른 힘이 작용하지 않는 이상 물체는 운동 에너지를 잃지 않고 영원히 등속 직선 운동을 할 것이다.

반면, 지구상에서 운동하는 물체는 속도가 줄어들다가 마지막에는 멈춰 버린다. 그 이유는 물체의 운동 에너지가 다른 에너지로 서서히 바뀌어 버리기 때문이다. 특히 마찰에 의해 열에너지로 변하는 경우가 많다.

에너지 보존 법칙

앞에서 역학적 에너지는 항상 일정하다고 했다. 하지만 실제로는 운동 에너지가 전부 위치 에너지로 바뀌는 것이 아니라 그 일부는 열에너지로 변환될 때가 많다. 즉, 열로 변한 양만큼 운동 에너지가 줄어들면서 속도도 줄어든다. 그래서 역학적 에너지도 감소하게 된다.

그렇다면 열로 변한 에너지도 포함해서 생각해 보자.

역학적 에너지와 열에너지를 더한 합계는 항상 일정하다. 다시 말해서 에너지는 새로 생기지도 않고, 없어지지도 않는다.

이것을 에너지 보존 법칙이라고 부른다. 에너지 보존 법칙은 자연계를 지배하는 가장 기본적인 법칙이다.

역학적 에너지 보존 법칙은 마찰이 없다는 전제하에 성립하지만 에너지 보존 법칙은 마찰 여부와 관계없이 항상 성립하는 법칙이다.

에너지의 근원, 태양 에너지

지구는 방사* 등의 방법으로 태양 에너지를 받고 있다.

우리는 태양 에너지를 빛 에너지나 열에너지의 형태로 직접 이용하지만, 그 밖에도 태양 에너지를 쓰는 여러 가지 방법이 있다.

우리가 먹는 음식의 재료는 식물이 태양 에너지를 받아 광합성을 해서 생긴 것이다. 석유나 석탄 등 화석 연료도 마찬가지이며, 전기 에너지도 원래는 태양 에너지였다. 수력 발전도 태양 에너지로 증발시켜 높은 곳에 끌어올린 물의 위치 에너지를 이용하는 원리고, 풍력 발전도 태

---

* 방사 : 물체에서 열에너지가 적외선 등 빛의 형태로 방출되는 현상.

양 에너지에 의해 일어난 대기의 흐름을 이용하는 것이므로 모두 그 근원은 태양 에너지라고 할 수 있다.

다만, 원자력 발전은 원자핵을 분열시킬 때 나오는 에너지를 이용하므로 성격이 다르다.

에너지의 효율

기계와 장치는 받은 에너지를 전부 목표 에너지로 변환시킬 수는 없다. 이때 받은 에너지의 몇 %까지 목표 에너지로 바꿀 수 있는가를 효율이라고 부른다.

이를테면 백열전구는 전기 에너지의 단 몇 %만 빛 에너지로 바꾸고 나머지는 열에너지로 내보낸다. 형광등은 백열전구보다 효율이 높지만 그래도 20% 정도에 불과하다.

반면 건전지는 화학 에너지의 90%를 전기 에너지로 바꿀 수 있다. 하지만 어떤 경우든 100%는 없다. 특히 자동차 엔진과 같이 연료의 화학 에너지를 연소시켜서 열에너지로 바꾸고 거기서 운동 에너지를 내려고 할 때는 아무리 해 보아도 쓸모없는 열에너지만 생기고 만다. 엔진의 마찰열 또한 무시할 수 없다. 게다가 연료가 불완전 연소 해서 버려지는 양도 고려해야 하므로 효율은 25% 정도밖에 되지 않는다. 그래서 결론적으로 에너지 보존 법칙은 쓸모없는 열에너지까지도 포함하는 개념이다.

요즈음 에너지가 부족하다는 말을 많이 듣는데, 이는 '우리에게 도움이 되는 에너지가 부족하다'는 뜻이다. 석유 등 화학 연료는 식물이 오랜 세월에 걸쳐 축적되어 생긴 화학 에너지다. 그 화학 에너지를 우리는 단시간에 소비하고 열에너지로 방출한다. 녹색 식물도 광합성으로 화학 에너지를 모으는데, 우리는 그 속도를 훨씬 웃돌게 소비한다. 따라서 바람, 파도, 지열, 태양 등 눈에 보이는 재생 에너지를 얼마나 값싸게 유용한 에너지로 바꿀 수 있는지가 앞으로 우리가 풀어야 할 숙제다.

제8장

나침반의 N극은 왜 늘 북쪽을 가리킬까?

자석과 자기장

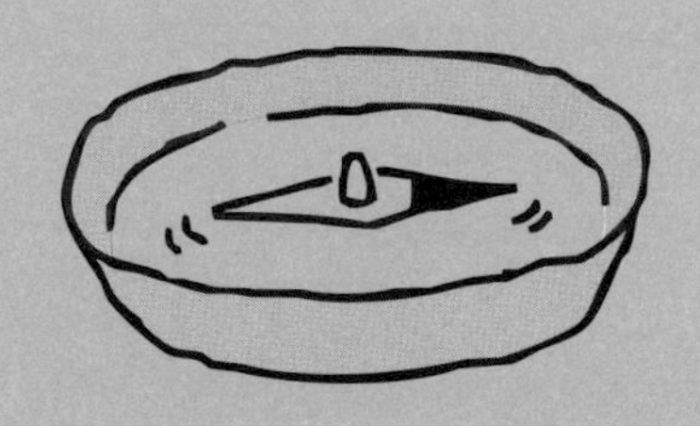

서로 끌어당기는 힘, 서로 밀어내는 힘

자석의 성질이 변하지 않는 일반적인 자석을 영구 자석이라고 부른다. 영구 자석에 철가루를 뿌리면 철가루는 자석의 양 끝에 집중적으로 달라붙는다. 자석의 끝으로 갈수록 철을 끌어당기는 힘이 강하기 때문이다. 이 자석의 양 끝 부분을 자석의 극(자극)이라고 한다.

자석의 극에는 N극과 S극이 있다. N극과 S극끼리는 서로 끌어당기는 힘이 작용하고 같은 N극과 N극, S극과 S극끼리는 서로 밀어내는 힘이 작용한다.

실험 1 냉장고에 메모를 붙일 때 쓰는 둥근 자석 두 개를 떼어내 서로 가까이 대 보자. 그리고 한쪽 면을 반대로 해서 다시 대 보자.

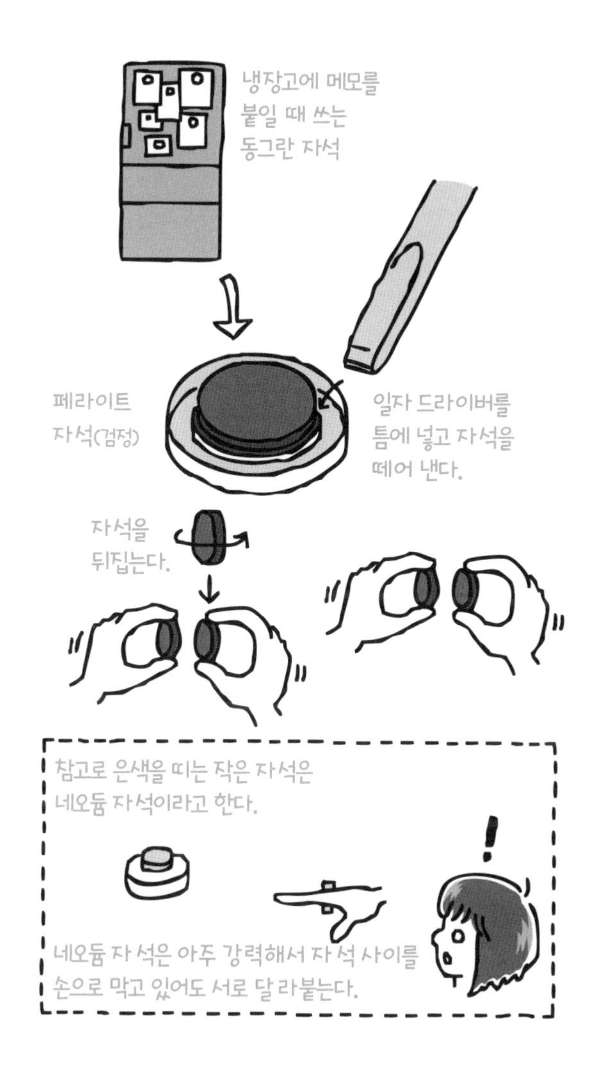

자석은 냉장고 문이나 모터, 스피커 등의 물체에 이용된다. 또 비디오 테이프, 신용 카드, 지하철 승차표 등에도 자석에 끌리는 물질(자성체)이 쓰인다. 자석 주변에 철로 된 물체를 떨어뜨려 놓아도 그 물체는 자석에 끌려온다. 자석 주위에 자기력이 작용하는 공간이 형성되기 때문이다.

이 공간을 자기장이라고 부른다. 자기장의 방향 등을 나타낼 때는 자기력선을 사용한다. 자기장 안에 나침반을 두었을 때 장소가 같으면 늘 똑같은 방향을 가리키는데, 이때 나침반 N극의 방향을 그곳의 자기장 방향으로 한다. 나침반 자체가 자석이기 때문에 자기장의 방향을 가리키는 것이다.

자기장의 방향을 선으로 나타내면 나침반 바늘의 N극이 어디를 향하는지 한눈에 알 수 있다. 이때 자기장의 방향을 나타내는 선을 자기력선이라고 한다. 자석 주위에 철가루를 뿌리면 아래 그림과 같이 마치 자기력선을 그린 것처럼 철가루가 배열된다.

막대자석 주위의 자기장

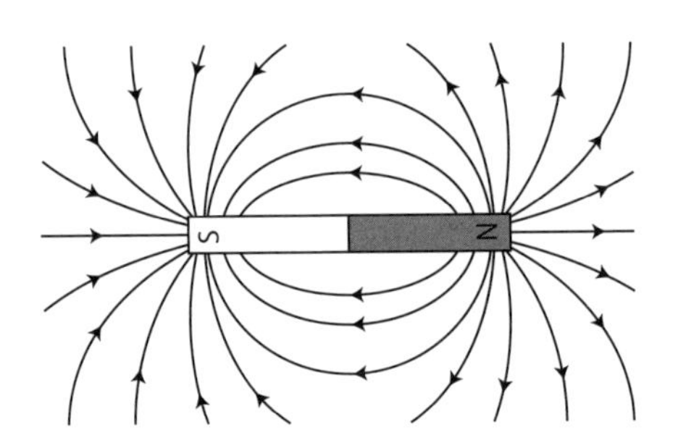

02 물 위에 띄운 나침반의 바늘은 어디를 가리킬까?

실험 2 나침반을 쉽게 구할 수 있으면 사서 분해해 보자. 책상에 살짝 치면 뚜껑이 빠지면서 세 부분으로 나눌 수 있을 것이다.

나침반 바늘에 클립이나 철가루 등을 가까이 가져가 보자. 바늘 쪽으로 끌려갈까?

이번에는 물을 가득 채운 그릇에 나침반 바늘을 살짝 띄워 보자(물의 표면 장력을 이용하여 띄우거나 얇은 스티로폼 위에 올린다). 그 바늘을 샤프펜슬 끝으로 살짝 건드려 방향을 바꾸면 어떤 일이 일어날까?

만약 나침반이 하나 더 있으면 나침반이 든 그릇에서 50㎝ 이상 떨어진 곳에 놓고 어떤 현상이 일어나는지 관찰해 보자.

지구는 거대한 자석

막대자석을 실에 매달면 자석은 남과 북을 가리키며 멈춘다. 이때 남쪽을 향하는 자극을 남극(S극), 북쪽을 향하는 자극을 북극(N극)이라고 한다.

나침반이나 실에 매달린 막대자석이 지구의 남극과 북극을 가리키는

지구의 자극

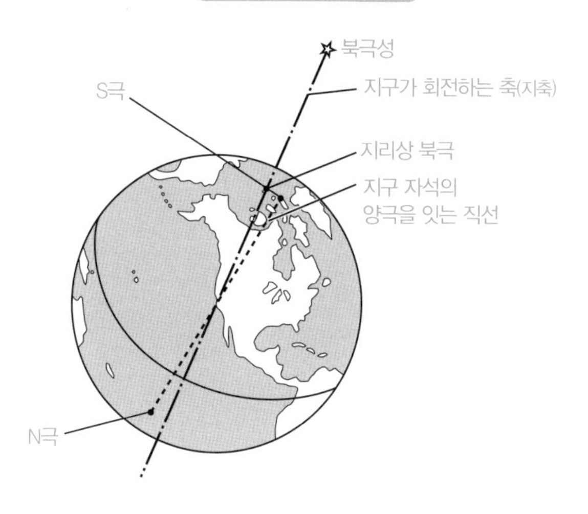

것은 지구 전체가 하나의 자석이며 자기장을 이루고 있기 때문이다.

나침반의 N극은 항상 북쪽을 가리키므로 지구는 북극이 S극이고 남극이 N극이다. 하지만 지구 자석의 N극과 S극은 지구가 회전하는 축(지축)의 북극과 남극에 완전히 일치하지 않고 조금 기울어져 있다.

지구 자석은 북극 근처가 S극, 남극 근처가 N극이 된다. 지구 자석의 자기장은 신기하게도 반대로 뒤집힐 수 있는데, 요 2,000만 년 사이에는 약 20만 년에 한 번꼴로 바뀌었다고 한다. 자기장이 반대로 뒤집힌다는 말은 나침반 바늘이 완전히 반대를 향한다는 뜻이다.

천연 자석인 자철석을 자기장 안에 두면 자철석이 생성될 당시의 지구 자기장 방향을 따라 고정되기 때문에 이러한 현상을 파악할 수 있다.

화산에서 분출되는 용암에도 자철석의 성분이 포함되어 있다. 이 작은 원자 자석이 뜨거운 용암 속에 있을 때는 뿔뿔이 흩어져서 자성을 띠지 않지만, 용암이 식어서 굳으면 지구의 자기장 방향으로 모여들어 자성을 띠게 된다. 그래서 용암이 굳어 생성된 암석의 자기장을 조사하면 당시 지구의 자기장을 파악할 수 있다.

지구 자석이 생기는 원인은 지구 중심의 '핵'에 있다. 핵은 철과 니켈이라는 금속으로 이루어져 있으며 둥근 구 모양이다. 구의 바깥 부분은 금속이 걸쭉하게 녹아 있는 상태인데, 이를 외핵이라고 부른다. 외핵의 액체 금속은 구의 중심에 있는 고체 내핵을 감싸듯이 흐르며 회전하고 있다고 한다. 그때 전류와 자기장이 발생한다는 다이너모 이론이 있지만 아직 지구 자기장의 복잡한 현상을 전부 설명할 단계에는 이르지 못했다.

자석은 금속이 아닌 돌멩이?

실에 매달면 남북을 가리키고 철을 끌어당기기도 하는 광석이 있다는 사실은 아주 오랜 옛날부터 알려져 있었다. 바로 천연 자석이다.

자석의 '석'은 광석에서 온 말이다. 그리고 중국에서는 원래 자석의 '자'로 '慈(자)' 자를 썼다고 한다. 이 한자에는 '소중히 여기다, 사랑하다,

귀여워하다'라는 뜻이 있다. 자석이 철을 끌어당기는 모습을 엄마가 아기를 소중히 품에 안고 귀여워하는 모습에 비유한 것이다.

나중에 철과 강철이 자석의 재료로 쓰이자 중국에서는 자석을 '자철(磁鐵)'이라고 부르기도 했다. 철과 강철은 돌이 아니기 때문이다.

현재 '석(石)' 자로 정해진 자석은 칠판에 종이를 고정할 때 사용하는 검은색 페라이트 자석을 가리킨다. 이 자석은 금속 산화물로 금속의 성질을 잃었기 때문에 돌에 가깝다. 금속 특유의 광택이 없고 전류도 잘 통하지 않으며 두드리면 돌처럼 갈라져 버린다.

자철석의 모래 형태인 사철은 운동장, 집 근처 놀이터, 산의 흙, 바닷가 모래사장 등 우리 생활 곳곳에서 쉽게 발견할 수 있다. 사실 사철은 원래 암석의 성분 중 하나다. 암석의 주성분은 석영, 장석, 운모인데 그 밖에도 자철석(사철)이 포함되어 있다. 암석은 지구 내부의 마그마에서 생성되었는데, 풍화 작용을 거치면서 석영과 장석 등으로 나뉘고 자철석(사철)도 모래 속에 섞이게 된 것이다.

자철석은 결정 모양이 있는 광물로, 철 금속이 아니라 철과 산소가 결합한 산화철이다. 금속은 공기나 수분이 있는 곳에 두었을 때 녹이 슬지만, 사철은 상태가 변하지 않는다. 그러므로 사철은 철처럼 자석에 끌려가는 모래라고 표현할 수 있다.

많은 암석에는 자철석이 포함되어 있기 때문에 그 양이 많다면 돌멩이일지라도 강력한 자석에 끌려간다. 실에 매단 돌멩이에 강력한 자석을 가까이 가져가면 돌멩이가 자석에 끌려오는 모습을 어렵지 않게 볼 수 있는 것이 그 때문이다.

일시 자석과 영구 자석

자석에 철 조각을 붙이면 철 조각 또한 자석이 된다. 이때 자석에 붙는 부분은 자석의 극과 다른 극이 되고 반대쪽은 같은 극을 띤다. 예를 들어 철 조각이 자석의 N극에 붙었다면 N극에 붙은 철 조각 부분이 S극이 된다. 이처럼 철 조각이 자석으로 변하는 현상을 두고 자화되었다고 말한다.

그런데 자석에 꼭 붙어 있어야만 자석이 되는 것은 아니다. 자석에 가까이 있기만 해도 자기장 작용에 의해 철 조각이 자석의 성질을 띠게 된다.

철사나 구두 스파이크의 재료인 연철은 자석의 자기장 안에 있을 때 자석이 되고, 자기장에서 멀어지면 이내 다시 자성을 잃고 원래의 연철 상태로 돌아온다. 즉, 연철은 일시 자석인 것이다. 전자석의 철심도 연철로 만든다. 전류가 흐를 때만 자화하도록 제어하기 위해서다.

그런데 바늘이나 피아노 줄처럼 강철을 사용한 물체는 한번 자석이 되면 언제까지나 자석의 성질을 유지한다. 이것을 영구 자석이라고 부른다.

바늘이나 피아노 줄, 혹은 스테이플러 심이나 클립 등을 직선으로 곧게 편 후에 자석에 문지르면 그 역시 자석이 된다. 이 피아노 줄 자석에 철가루를 가져가면 철가루는 한가운데에는 거의 붙지 않고 줄의 양 끝에 집중적으로 달라붙는 형태를 띤다. 그런데 이 피아노 줄 자석을 반으로 자른다면 자른 중간 부분은 어디가 될까?

그 자른 부분이 각각 새로운 N극과 S극이 되어 양 끝이 N극과 S극인 자석 두 개가 된다. 그리고 각각 다시 반으로 자르면 또 양 끝이 N극과 S극인 자석 네 개가 된다.

자르고 잘라도 자석이 된다

계속 반복할수록 양 끝이 N극과 S극인 새 자석이 늘어난다. 자르고 잘라도 여전히 자석인 셈이다.

자석이 된 물체는 광학현미경으로 확인해야 할 만큼 작은 영역을 이루는데, 이를 자기 구역이라고 한다. 자기 구역은 자석을 구성하는 원자 자석이라고 할 수 있다.

사실 정확하게 말하면 자기 구역보다도 훨씬 작은 원자 자석이 존재한다. 따라서 자기 구역은 '적당히 작은 원자 자석'이라고 표현하는 편이 정확하지만, 여기서는 편의상 이미지를 떠올리기 쉬운 자기 구역 수준으로 이야기하고자 한다. 자기장이 없을 때도 자기 구역 자체는 어느 일정 방향으로 자화되어 있다. 자기장이 형성되면 모든 자기 구역은 일정 방향으로(자기장 방향) 자화되어 강력한 자석의 성질을 띠게 된다. 이 자기 구역이 하나하나 원자 자석이라고 생각하면 이해하기 쉬울 것이다. 영구 자석은 자기장이 사라져도 여전히 일정 방향을 향해 자화된 상태다.

같은 방향으로 형성되는 자기장

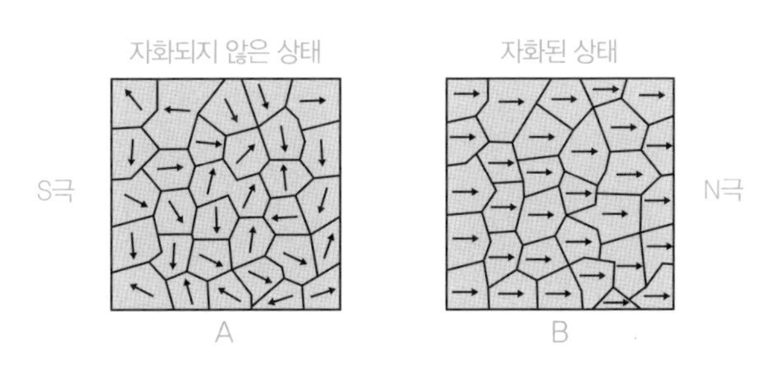

하지만 자화되어 있지 않을 때는 자기 구역이 제각각 다른 방향을 향하기 때문에 전체적으로 보면 자석의 성질을 띠지 않는다.

정리하면, 원자 자석이 제멋대로 움직이는 상태일 때는 자석이 아니지만 원자 자석이 모여 같은 방향을 향할 때는 자석이다.

실험 3 쇠숟가락을 자석에 문지르면 숟가락 역시 자석이 된다. 자석 여부는 철가루나 클립으로 확인할 수 있다. 이렇게 자석이 된 숟가락을 돌이나 책상 등 딱딱한 물체에 치면 어떻게 될까?

같은 방향을 향하던 원자 자석을 딱딱한 물체에 치면 다시 방향이 제각기 흩어져 버린다. 또 자성을 띠는 물체에 일정 온도 이상의 열을 가해도 자석의 성질을 잃는다.

이 온도를 프랑스 물리학자 피에르 퀴리(1859~1906)의 이름을 따서 퀴리 온도(퀴리점)라고 부른다.

피에르 퀴리의 아내는 방사능 연구로 유명한 마리 퀴리(1867~1934)다.

퀴리 온도를 넘어가면 원자 자석들의 방향이 제각기 달라져서 전체적으로 자석의 성질을 잃는 것이다.

그러면 퀴리 온도보다 높은 온도의 물체를 식히면 자석의 성질이 다시 생길까?

다시 자석의 성질을 띠려면 자기장을 형성해야 하는데, 퀴리 온도를

①
숟가락을
자석에 문지르면…….
숟가락도
자석이 된다!
②
클립이 붙는다.
③
이 숟가락을 돌에 치면?
탁탁!
자석의 성질이
사라지네!
신기해!
④
클립도 붙지 않는다.

넘어가면 자기장을 형성해도 자석의 성질을 띠지 않는다. 하지만 지구 상에서는 자석이 되는 물질을 퀴리 온도보다 높은 온도로 올렸다가 다시 식히면 자기 구역이 지구의 자기장과 같은 방향으로 자화된다.

실제로 지구 자기장이 과거에 몇 번이나 방향이 반대로 바뀌었다는 사실도 퀴리 온도 이상이었던 용암이 식으면서 자화된 암석을 조사하여 알게 된 것이다.

자석을 가까이 대면 도망치는 물질

자석에 쉽게 끌리는 물체로는 철, 코발트, 니켈이 있다. 이들은 강한 자성을 띠는 강자성체라고 부른다.

강자성체 이외의 물질은 자석에 대한 반응이 매우 약해서 보통은 '자석에 끌려가지 않는다'고 정의한다. 하지만 사실 어떤 물질이든 초강력 자석에는 반응한다. 이 반응에는 두 종류가 있는데, 자석에 끌리거나 혹은 도망가는 것이다. 그중에서 자석에 끌리는 물질을 상자성체라고 부른다.

산소는 상자성체다. 산소를 초저온으로 식히면 옅은 파란색 액체가 되는데, 이 액체 산소는 자석에 끌려간다. 그 밖에도 망간, 나트륨, 백금, 알루미늄 등이 상자성체다.

한편, 자석을 가까이 가져갔을 때 도망가는 물질은 반자성체라고 부른다. 흑연, 안티몬, 비스무트, 구리, 수소, 이산화 탄소, 물 등은 반자성체다. 예를 들어 잔잔한 수면에 강력한 자석을 가까이 가져가면 수면이 움푹 파인다. 또, 흑연 같은 반자성체를 잘 매단 다음 강력한 자석을 가까이 대면 흑연은 자석 반대 방향으로 도망가려고 하는 것을 볼 수 있다.

제9장

정전기, 1㎝의 불꽃에 약 1만 V

정전기와 동전기

우리 생활과 밀접한 정전기

플라스틱 책받침을 겨드랑이 사이에 끼우고 몇 번 비빈 후 머리카락 위로 가져가서 머리카락이 책받침을 향해 위로 솟구치게 하는 장난을 누구나 한 번쯤 해 보았을 것이다.

공기가 건조한 겨울에 금속 문손잡이를 잡으면 전기가 통한 듯 따끔한 충격을 받거나, 합성 섬유로 된 옷을 벗을 때 옷이 몸에 착 달라붙기도 하는 경험을 하기도 한다. 이런 현상이 일어나면 어두운 곳에서 순간적으로 불꽃이 보일 때도 있다. 이러한 현상은 모두 정전기 때문이다.

실험 1 빨대 A의 중심에 구멍을 뚫고 이쑤시개를 꽂아서 세운 후 빨대를 돌린다. 빨대 A와 또 다른 빨대 B를 휴지에 잘 문지른 다음 B를 A 쪽으로 가져가 보자.
이번에는 빨대 C를 폴리염화 비닐(PVC)로 만든 지우개로 문지른 후 A에 가까이 가져가 보자. 어떤 현상이 벌어질까?

빨대에 정전기가 일어날 때 잘게 찢은 휴지를 가까이 가져가면 달라붙는다. 만약 휴지 조각이 달라붙지 않으면 정전기가 일어나지 않은 것이니, 다시 휴지 조각이 달라붙을 때까지 잘 문질러야 한다.

다른 물질을 서로 비비면 정전기가 일어나는데, 다른 말로 마찰 전기라고도 한다. 한편, 건전지 전기와 가정용 전기는 동전기*라고 한다.

---

* 동전기 : 움직이고 있는 전기를 말하는데, 동전기라는 표현은 잘 쓰지 않고, 보통 '전기'라고 한다.

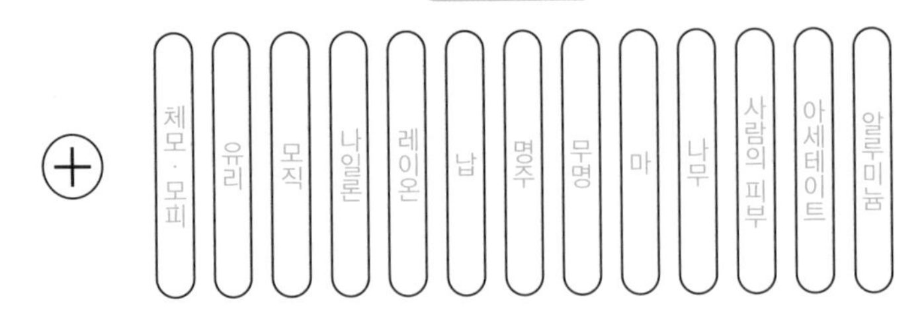

정전기에는 (+)전하와 (–)전하가 있는데, 같은 종류의 전하끼리는 서로 밀어내고 다른 전하끼리는 서로 끌어당긴다.

실험 1에서 만든 장치를 빨대 검전기라고 부르기로 하자. 빨대는 폴리프로필렌이라는 소재로 만들어졌다. 휴지로 빨대를 문지르면 빨대는 (–)전하를 띠게 된다. 두 빨대 모두 (–)전하, 즉 같은 종류이므로 가까이 가져가면 서로 밀어내는 성질 때문에 빨대 검전기의 빨대가 밀리듯 회전한다. 하지만 폴리염화 비닐(PVC)로 만든 지우개로 빨대를 문지르면 빨대는 휴지와 반대로 (+)전하를 띠게 된다. 빨대 검전기의 빨대는 (–)전하이므로, (+)전하를 두른 빨대를 가까이 가져가면 빨대끼리 서로 붙으려는 모습을 보이는 것이다. 이렇게 끌어당기는 힘 혹은 밀어내는 힘을 전기력이라고 하는데, 전기력에는 쿨롱 법칙이 성립한다. 전기력은 두 물체가 각각 띠는 전하량*을 곱한 값에 비례하고, 두 물체 간 거리의 제곱에는 반비례한다는 법칙으로 역제곱 법칙의 하나이다. 정전기를 많

---

* 전하량 : 어떤 물체, 또는 입자가 띠고 있는 전기의 양.

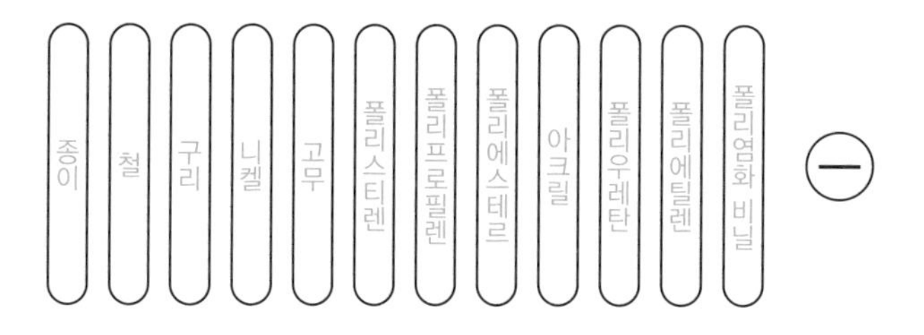

이 두르고 거리가 가까울수록 전기력이 커지는 것이다.

(+)전하, (-)전하 중 어느 쪽 전하를 띠기 쉬울까?

고무풍선을 휴지로 문질러 마찰을 일으킬 경우 고무풍선은 (–)전하를 띤다. 명주와 모피를 서로 문지르면 명주가 (–)전하, 모피가 (+)전하를 띤다.

이처럼 전하의 종류와 크기는 마찰하는 물체의 성질에 따라 달라진다. 물체에는 (+)전하를 띠기 쉬운 것과 (–)전하를 띠기 쉬운 것이 있다. 또한 상대적으로 (+)전하를 띨 수도 있고, (–)전하를 띨 수도 있다.

두 물체를 마찰시켰을 때 어느 쪽 전하를 띠기 쉬운지 순서대로 나열하면 위 그림과 같다(대전열).

대전열 중에서 멀리 떨어진 물체끼리 마찰시킬수록 강한 정전기가 발생한다.

반면, 정전기를 일으키려고 해도 잘 일어나지 않을 때가 있다. 온도가 높고 습기가 많을 경우에 그렇게 되는데 이는 일어난 정전기에 공기 중의 수분이 붙으면서 중화되기 때문이다.

그렇기 때문에 정전기를 일으키는 최적의 조건은 한겨울의 건조한 실내다. 여름이라도 에어컨을 틀어 건조해진 방이라면 가능하다. 또한 공간뿐만 아니라 손에 묻은 물기를 없애는 등 수분과 땀을 잘 닦아 없애야 한다.

순수한 물인 증류수는 전자가 이동하기 어려운 부도체*(절연체)이므로 정전기가 모이기 쉽지만, 양이온과 음이온을 포함하는 일반적인 물은 전자가 이동하기 쉬워서 정전기가 잘 도망가기 때문이다.

정전기의 비밀은 원자 속에 있다

정전기는 왜 일어나는 것일까? 그 비밀은 물체를 이루는 원자에 있다.

물체의 기본 구성단위인 원자는 (+)전하를 띠는 원자핵과 주위를 둘러싼 (−)전하를 띠는 전자로 구성된다. 원자의 (+)전하와 (−)전하는 총량

---

* 부도체 : 전기 또는 열에 대한 저항이 매우 커서 전기나 열을 잘 전달하지 못하는 물체.

이 같아서 중성을 이룬다. 그리고 원자핵은 원자의 중심에 있어서 움직이지 않지만, 전자는 원자핵의 주위를 돌며 움직여 빼앗기기 쉽다.

전체적으로 봤을 때 원자는 중성을 이루므로 원자로 이루어진 물체도 중성이다. 그런데 두 물체를 서로 마찰시키면 상대적으로 빼앗기 쉬운 물체의 전자가 빼앗기 어려운 물체로 이동한다. 그러므로 전자를 빼앗은 물체에 (−)전하가 많아지고, 전자를 잃어버린 물체는 (+)전하를 띠게 되는 것이다.

정전기로 형광등에 불을 켤 수 있을까?

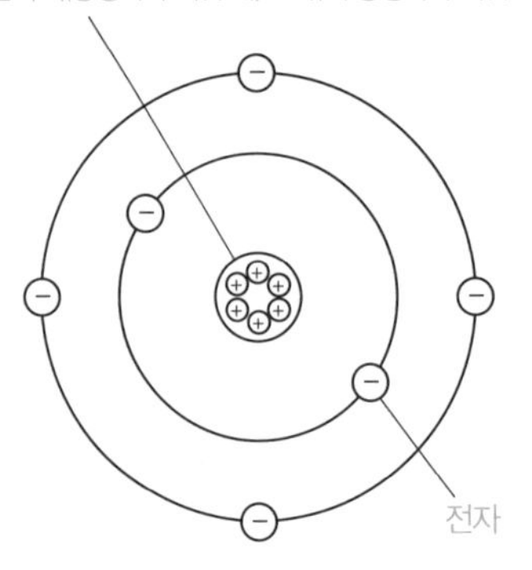

형광등은 원기둥 모양의 유리관 양 끝에 전극이 붙어 있는 구조다. 유리관 속에는 아르곤 가스와 소량의 수은 증기가 들어 있고, 유리관 내벽에는 형광 물질이 발라져 있다.

전극에 높은 전압이 걸리면 전극에서 전자가 튀어나온다. 이 전자가 수은 원자와 충돌하면 수은 원자 속 전자의 에너지가 커지고, 수은 원자의 전자가 원래의 안정된 상태로 돌아가면서 생긴 에너지의 양만큼 자외선으로 내보낸다. 이때 자외선이 그대로 나온다면 우리의 눈에 보이지 않겠지만, 자외선이 유리관 내부의 형광 물질에 닿으면서 형광 물질이 가시광선을 방출하기 때문에 환한 형광등 빛을 볼 수 있게 되는 것이다.

그렇다면 정전기로 높은 전압을 걸어도 형광등이 켜질까?

실험 2 전기스탠드 등에 사용되는 형광등을 정전기로 켜는 실험을 해 보자. 털 스웨터를 비닐 랩으로 마구 문지른 후 방을 어둡게 한다. 그리고 빼낸 형광등의 한쪽 극을 스웨터에 대 본다. 스웨터 대신 모직물이나 무명 혹은 화학 섬유로 된 마른 수건 등에 비빈 스티로폼을 형광등에 가까이 가져가도 된다.

모여 있는 정전기, 흐르는 전기

건조한 밤에 방을 어둡게 한 후 이 실험을 진행하면 찰나의 순간이지만 형광등에 불이 번쩍하고 들어오는 것을 볼 수 있다. 즉, 정전기로 형광등을 켤 수 있는 것이다. 이 결과를 통해 정전기도 전지나 가정용 전기와 똑같은 작용을 한다는 사실을 확인할 수 있다. 다만, 정전기로 생긴 전류는 아주 잠시뿐이지만 전지나 가정용 전기의 전류는 길게 유지되는 차이가 있다.

플라스틱이나 고무처럼 전기가 흐르기 어려운 부도체에는 정전기가 계속 흐르지 않고 쌓인다. 정전기가 쌓인 부도체에 금속 등 전기가 잘 통하는 물질(도체)을 닿게 하면, 쌓였던 전기가 금속에 전달되면서 전류가 형성되어 흐른다. 그렇게 순간적으로 전기가 흘러 이동하고 나면 그 후에는 다시 흐르지 않는다.

전기가 잘 흐르는 금속에는 금속 내부를 자유로이 이동하는 자유 전자가 있다. 전기는 이 자유 전자의 이동으로 전달된다. 부도체는 자유 전자가 없기 때문에 전자가 이동하지 못하고 계속 고이는 것이다.

금속도 모은 전기가 도망가지 못하도록 조건만 잘 갖춘다면 정전기를 모을 수 있다.

빨대로 도자기 찻잔을 움직이게 할 수 있을까?

실험 3 알루미늄 포일로 고리를 만들고 휴지로 잘 문지른 빨대를 가까이 가져가 보자. 어떤 현상이 벌어질까? 알루미늄 포일보다 무거운 알루미늄 캔으로도 실험해 보자. 빈 알루미늄 캔을 표면이 매끄러운 책상 위에 눕혀 놓고, 옆에서 평행하게 빨대를

가까이 가져간다. 캔이 빨대를 따라 굴러가는 모습을 확인했는가?

이 실험에서 알루미늄 포일 고리와 알루미늄 캔이 빨대와 같이 굴러가는 것은 알루미늄과 같은 금속(도체) 내부에 어느 원자의 소속도 아닌 자유 전자가 매우 많기 때문이다.

(−)전하로 대전된 빨대를 금속에 가까이 가져가면 빨대와 가까운 쪽에는 (+)전하가 몰리고 먼 쪽은 (−)전하를 띠게 된다. 빨대의 (−)전하가 금속의 자유 전자를 반발시켜 먼 쪽으로 밀어 버렸기 때문이다. 그래서 빨대와 가까운 쪽의 금속에 자유 전자가 부족해지고, 중성 상태가 균형을 잃어버리면서 빨대와 가까운 쪽의 금속이 (+)전하를 띠게 되고, 빨대의 (−)전하와 서로 끌어당기는 것이다.

이처럼 대전체로 인해 도체(금속)의 전하가 균형을 잃고 한쪽으로 치우치는 현상을 정전기 유도라고 부른다. 알루미늄 캔은 정전기 유도 때문에 빨대로 끌려 온 것이다.

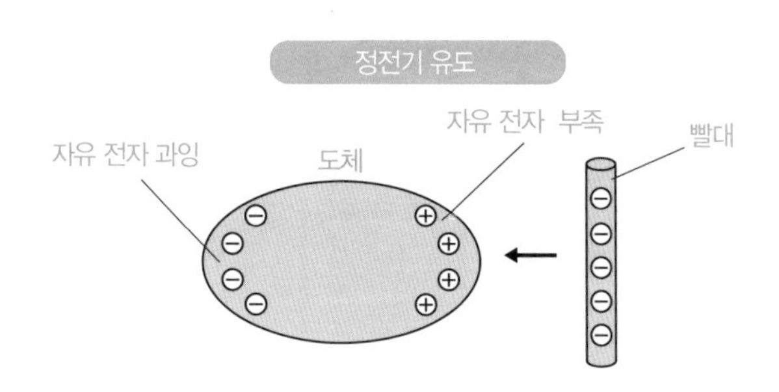

실험 4 실험 3의 알루미늄 캔을 더 무거운 도자기 찻잔으로 바꾼 후, 빨대가 찻잔을 끌어당기는지 똑같이 실험해 보자. 찻잔이 데굴데굴 굴러간다면 참 재미있을 것이다.

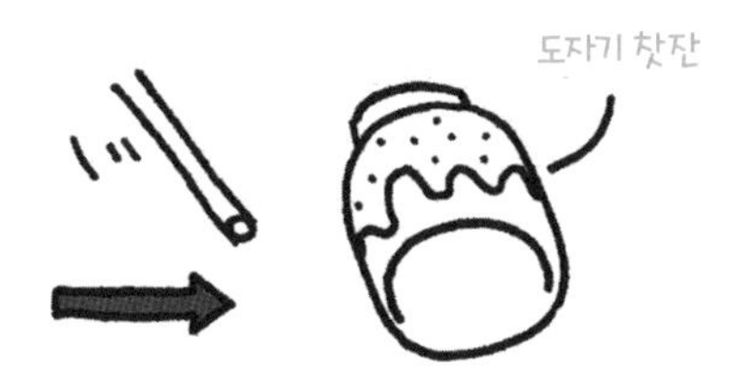

실험 5 수도꼭지에서 가늘게 나오는 물줄기에 휴지로 문지른 빨대를 가까이 가져가 보자.

도자기 찻잔도, 물도 빨대의 움직임에 따라 움직이는 것을 확인하였을 것이다. 이처럼 정전기 유도 현상은 부도체에서도 일어난다. 부도체에는 자유 전자가 없지만, 대전체를 가까이 가져가면 그 물질 속 원자와 분자의 전자 위치가 바뀌면서 전하가 한쪽으로 쏠리게 된다. 실험 5에서 대전시킨 빨대를 수도꼭지의 가는 물줄기에 가까이 가져갔을 때 물줄기가 빨대 쪽으로 휘는 현상도 이와 같은 원리다.

물의 경우는 대전체를 가까이 가져가면 물 분자 한 개 내의 전자가 재배열되면서 전하가 한쪽으로 치우치는 현상이 일어난다. 예를 들어 (-)전하를 띠는 대전체를 물 가까이 가져가면 대전체 쪽에 물 분자의 (+)전하가 모여들고, (+)전하를 띠는 대전체를 가까이 가져가면 그 반대 현상이 일어난다.

이렇게 부도체에서 일어나는 정전기 유도 현상을 유전 분극이라고 부른다.

물의 유전 분극

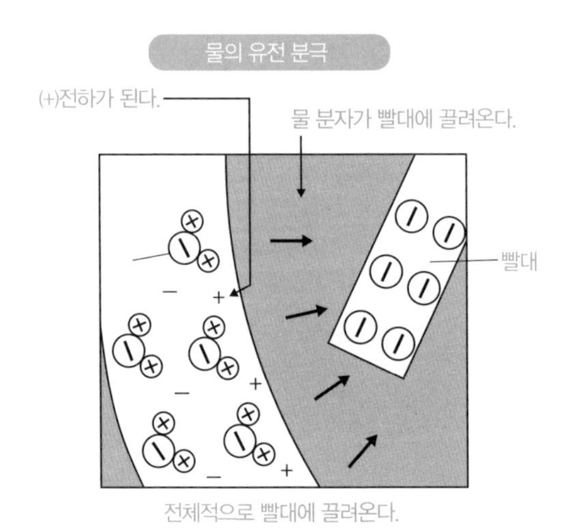

전기의 흐름과 흐르는 힘, 전류와 전압

전류의 크기는 암페어(A)와 밀리암페어(mA)로 표시한다. 1A는 1,000mA다. 전압은 전류를 흐르게 하는 작용을 크기로 나타낸 것이다. 단위로는 볼트(V)를 쓴다.

지금부터 전류와 전압의 차이를 살펴보겠다.

전류는 말 그대로 전기의 흐름이다. (+)전하와 (–)전하 중 어느 한쪽을 가진 전자나 이온이 움직이는 것이 바로 전류다.

도체에는 자유 전자가 가득하지만, 부도체에는 자유 전자가 없다.

전압을 가하지 않은 도체에는 자유 전자가 (+)전하를 띠는 원자들이 쌓인 틈새를 자유롭게 돌아다닌다. 하지만 도체에 전압이 걸리면 자유 전자가 도체의 (–)극에서 (+)극으로 이동하기 시작한다. (+)전하를 띠는 원자는 자기 자리를 고수하며 바르르 떨기만 할 뿐이다. 이것이 바로 도체 속을 흐르는 전류의 정체다.

이처럼 전압은 전하를 지닌 전자나 이온에 힘을 가해서 움직이는 작용을 한다. 전류를 물의 흐름에 비유한다면 전압은 수압과 펌프질에 비유할 수 있다.

건전지의 전압은 1.5V, 가정용 전기의 콘센트는 220V다. 정전기의 전압은 매우 높아서 수천~수만 V에 이른다. 1㎝짜리 불꽃이 튀는 데는 1만 V의 전압이 필요하다. 하지만 불꽃에 닿으면 따끔거리기만 할 뿐인데, 그것은 아주 적은 양의 전류가 흐르기 때문이다.

자연 정전기인 번개는 (+)전하를 띠는 부분과 (–)전하를 띠는 부분이 수억~10억 V의 전압에 달하게 되면서 공기 중에 거대한 전류가 흐르는 현상이다. 다시 말해서 번개는 자연계의 거대한 방전 현상인 것이다.

실험 6 손전등용 꼬마전구(2.4V) 한 개와 건전지 두 개를 절연테이프로 붙여서 하나로 이은 것 한 개, 양 끝을 1㎝ 정도 벗겨 구리선이 보이는 전선 한 개를 준비해서 꼬마

전구의 불을 켜 보자. 꼬마전구가 4.8V용이면 건전지 네 개를 준비한다. 꼬마전구, 건전지, 전선을 어떻게 연결하면 꼬마전구에 불이 들어오는 회로가 될까?

건전지 회로와 가정용 전기의 회로에는 큰 차이점이 있다.

첫 번째는 전압이다. 건전지 한 개가 1.5V이지만 가정용 전기의 전압은 220V이다. 건전지 한 개로는 감전되지 않지만 가정용 전기에는 감전될 수 있다.

두 번째로 건전지는 직류지만 가정용 전기는 교류다.

이처럼 차이점이 있지만 이해하기 쉽도록 건전지를 예로 들어서 우리 생활과 가장 밀접한 가정용 전기의 구조에 대해 알아보자.

먼저 전원이 건전지일 때 회로를 생각해 보자.

전류는 전원의 (+)극에서 나와 도선을 흐르면서 전구에 불을 밝히거나 모터를 돌리고 전원의 (−)극으로 돌아온다.

이렇게 전류가 한 바퀴 도는 길을 전기 회로라고 부른다. '회로'란 한 번 도는 길이라는 뜻이다.

건전지와 같은 직류 전원은 전류가 전원의 (+)극에서 나와 (−)극으로 가는 방향으로 흐른다고 정의한다.

사실 정확하게 말하면 금속의 자유 전자는 (−)극에서 나와 (+)극으로 흐른다. 하지만 전류가 전자의 흐름이라는 것을 몰랐던 시대에 (+)극에서 (−)극으로 간다고 정한 것을 지금도 바꾸지 않고 그냥 그대로 쓰고 있는 것이다.

전기 회로는 전원과 부하*, 이 두 가지를 이어 주는 도선으로 구성된다. 전원, 부하, 도선을 전기 회로의 3요소라고 한다.

꼬마전구를 켜는 회로

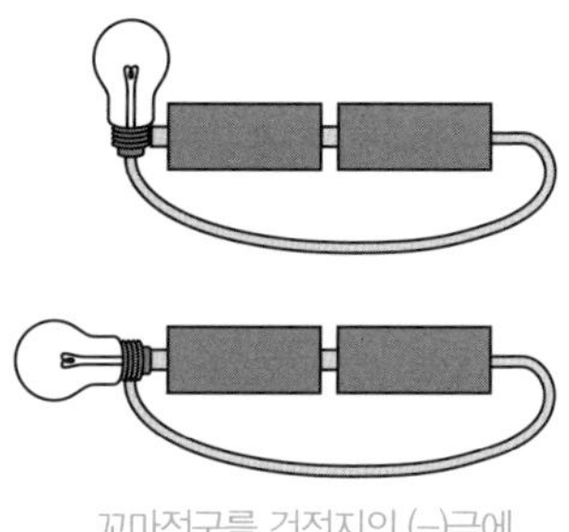

꼬마전구를 건전지의 (-)극에 연결해도 된다.

실험 6에서는 오른쪽 위 그림이 꼬마전구의 불을 밝히는 전기 회로다. 같은 전원을 사용해서 전구 두 개를 연결하는 전기 회로에는 직렬 회로와 병렬 회로, 두 종류가 있다.

오른쪽 아래 그림의 ①에서는 전류가 전지의 (+)극에서 전구 A → 전구B → 전지의 (-)극으로 흐르는 한 길이다.

직렬 회로와 병렬 회로

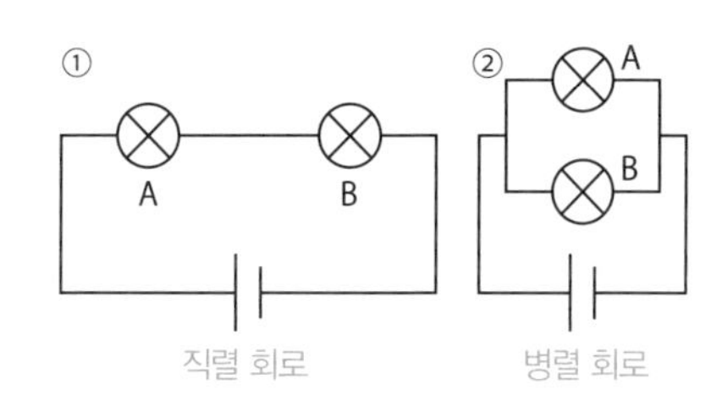

이렇게 전류가 흐르는 길이 갈라지지 않고 하나로 흐르는 회로를 직렬 회로라고 부른다.

---

* 부하 : 전등이나 모터와 같이 전원에서 전기를 공급받아 어떤 일을 하는 기계나 기구, 또는 이때 소비되는 에너지의 크기를 말한다.

②에서는 전류가 전지의 (+)극에서 전구A → 전지의 (–)극, 전지의 (+)극에서 전구 B → 전지의 (–)극으로 흐르는 두 갈래의 길이 생긴다.

이처럼 전류가 흐르는 길이 두 갈래 이상인 회로를 병렬 회로라고 부른다. 전류가 전구를 통과하면서 불을 밝히면 전류의 양이 줄어들 것이라고 생각하기 쉽다. 하지만 도중에 길이 갈리지 않고 한 길이 계속되는 이상 전류 속의 전자는 아무 데도 가지 못한다. 그래서 직렬 회로에서는 어디든 똑같은 크기의 전류가 흐르고, 어딘가 한 곳이라도 전원 스위치를 끄면 전구의 불이 모두 꺼진다.

반면, 병렬 회로는 도중에 길이 갈라지기 때문에 전류의 크기도 갈라진 길의 수만큼 나뉘는데, 길이 다시 하나로 합쳐지면 원래 크기로 돌아온다.

전압은 직렬 회로의 경우 저항*의 크기에 비례해 나누어진 각각의 전압을 더한 값이 전원의 전압과 같고, 병렬회로의 경우는 각각의 전압이 전원의 전압과 같다.

가정에서는 콘센트가 전원이 된다. 가정의 중심 전원은 전봇대에서 끌어온 220V의 전기인데, 그 전기가 콘센트마다 220V로 분배된다.

가정의 전기 배선은 병렬 회로여서 모든 전기 기구에 똑같은 220V의 전압이 걸린다. 병렬 회로는 한 군데의 전원을 꺼도 다른 곳에 전혀 지

---

* 저항 : 전류가 흐르는 것을 막는 작용.

장을 주지 않는다. 그리고 동시에 많은 전기 기구를 사용할 때는 각각의 전류를 모두 합친 값이 동시에 전기 회로로 흐른다.

한편, 계단에 설치된 전구는 층마다 자유롭게 켜고 끌 수 있는데, 전기 회로에 스위치가 장치되어 있기 때문이다. 일반적인 스위치는 온오프를 구별할 수 있다. 하지만 계단의 스위치를 자세히 살펴보면 온오프 표시가 없을 것이다.

이는 오른쪽 그림과 같이 삼로스위치라는 시소 형식의 스위치를 쓰기 때문이다. 삼로스위치를 확대한 그림을 보면 A를 아래로 내리면 A와 C 사이의 전기 회로가 닫히는 동시에 B는 올라가면서 B와 D 사이의 전기 회로가 열리는 것을 알 수 있다.

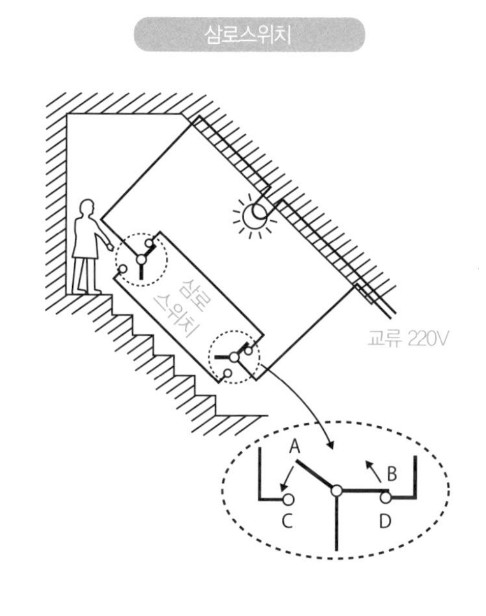

이런 스위치가 층마다 달려 있어서 오르내리며 아무데서나 켜고 끌 수 있다. 그림의 전기 회로 위에 손을 대고 전류가 흐르는 길을 따라가 보면 더 쉽게 이해될 것이다.

실험 7 건전지에 얇고 길게 자른 알루미늄 포일을 연결하자. 어떤 일이 일어날까?

(※발열 위험이 있으니, 조금이라도 열이 나면 반드시 실험을 중단해야 한다.)

무시무시한 쇼트 회로

전기 회로 중간에 전구나 모터를 연결하지 않고 (+)극과 (−)극을 직접 연결하는 방식을 쇼트 회로라고 부른다. 쇼트 회로는 다시 말해서 전기 회로의 3요소 중 부하가 없고 전원과 도선만 있는 상태다. 부하에는 저항이 있어서 흐르는 전류가 방해를 받는다. 하지만 쇼트 회로에는 저항이 없어서 매우 강력한 전류가 흐른다.

예를 들어 건전지의 (+)극과 (−)극을 도선으로 직접 연결하면 쇼트 회로가 되고, 많은 양의 강력한 전류가 계속 흘러 건전지와 도선이 뜨거워진다. 그렇기 때문에 직접 손으로 쥐고 있으면 화상을 입기도 하고 건전지가 터질 수도 있다.

가정용 전기의 콘센트 전압(220V)은 건전지 전압(1.5V)의 약 150배나 되므로 훨씬 무시무시하다. 불꽃이 튀고 도선이 녹거나 탈 수도 있다. 심하면 불이 나거나 감전되어 목숨을 잃기도 한다.

전기 코드의 구리가 노출되지 않도록 부도체인 비닐 등으로 피복하는 이유도 쇼트 회로가 되는 것을 방지하기 위해서다. 만약 구리가 노출된 전기 코드라면 틈에 금속이 끼일 경우 쇼트 회로가 되어 버린다.

그래서 전기 기구는 전류가 흐르는 부분 이외에는 부도체로 덮어서 쇼트 회로가 되지 않도록 만들어져 있다.

전류의 열작용

실험 7에서 알루미늄 포일이 뜨거워진 것은 여러 가지 물질에 전류가 흐를 때 열이 발생하기 때문이다. 우리 생활 속에는 오븐 토스터, 전기 스토브, 전기다리미 등 전류의 열작용을 이용한 전기 기구가 아주 많다. 백열전구도 필라멘트가 발열하면서 빛을 낸다.

전류가 흐르면 전기 저항이 0이 아닌 이상 반드시 발열하므로 전기 에너지는 손쉽게 열에너지로 바꿀 수 있다. 하지만 실험 7처럼 가정의 220V에 쇼트 회로 현상이 일어날 경우에는 누전으로 화재가 발생하는 등 아주 위험하다.

플러그가 연결된 전선 끝을 두 개로 나누어 샤프펜슬 심의 양 끝에 연결했다고 가정해 보자. 플러그를 콘센트에 꽂으면 펜슬 심에 220V의 전압이 걸리고, 심은 발열해서 붉게 빛나다가 결국에는 하얗고 강렬한 빛을 내며 타 버릴 것이다.

이처럼 가정에서는 도선만으로도 쇼트 회로가 되니 반드시 회로 사이에 전기 기구를 연결해야 한다.

그렇다면 청소기를 다 돌린 후 바로 콘센트에 연결된 전기 코드를 만져 보면 어떨까? 약간 따뜻한 정도이다. 발열량은 '전류×전압'에 비례하고, 전기 코드와 전기 기구에는 크기가 같은 전류가 흐르는데, 이때 대부분의 전압은 전기 기구에 집중되고 전기 코드에는 거의 작용하지 않아 열이 아주 조금만 발생하였기 때문이다.

전기 요금을 결정하는 전력량

줄 법칙*에 따라 전류의 발열량은 '전류×전압'에 비례하는데, 여기서 '전류×전압'을 전력이라고 한다. 단위는 와트(W)를 쓰며 다른 말로 소비 전력이라고도 한다. W는 앞에서 일률의 단위로 나온 바 있는데, 똑같은 개념이다.

전력(W)=전류(A)×전압(V)

1W는 1V의 전압이 걸려 1A의 전류가 흐를 때의 전력이다.

전기 기구를 보면 '220V-2,200W' 등의 표시가 있다. 콘센트에 연결하면 220V가 흐르고, 그때 전력이 2,200W라는 것을 의미한다.

2,200W는 전류(A)×220V이므로, 이 전기 기구에는 10A의 전류가

---

* 줄 법칙 : '저항이 있는 도체에 전류를 흘리면 열이 발생한다. 이 열량은 흐르는 전류의 제곱과 도체의 저항 및 전류가 흐른 시간의 곱에 비례한다'는 법칙.

흐른다.

전력(W)은 단위 시간에 대한 일률이다. 전력에 시간을 곱하면 실제 전기의 일량이 된다.

'220V−2,200W'라고 표시된 전기 기구는 1시간 사용하면 전력량이 2,200W×1시간=2,200와트시(Wh)가 되고, 한 달에 30시간을 썼다면 그 달의 전기량은 2,200W×30시간=66,000Wh, 그러니까 66kWh가 되는 것이다.

직류와 교류

전류에는 직류와 교류 두 가지가 있다. 직류는 건전지나 배터리에서 나오는 전류로, 언제나 일정 방향으로 같은 크기의 전류가 흐른다. 한편 교류는 가정에서 쓰는 전류다.

가정의 콘센트에는 (+)극과 (−)극이 없다. 교류는 주기적으로 전류의 방향이 바뀌는데, 1초에 60회 반복한다. 이 1초에 반복하는 수를 주파수라고 부르고, 헤르츠(Hz)라는 단위로 나타낸다.

주파수는 제3장에 나온 진동수와 같은 의미로, 전기 등 공학 분야에서 흔하게 쓰는 말이다.

직류와 교류

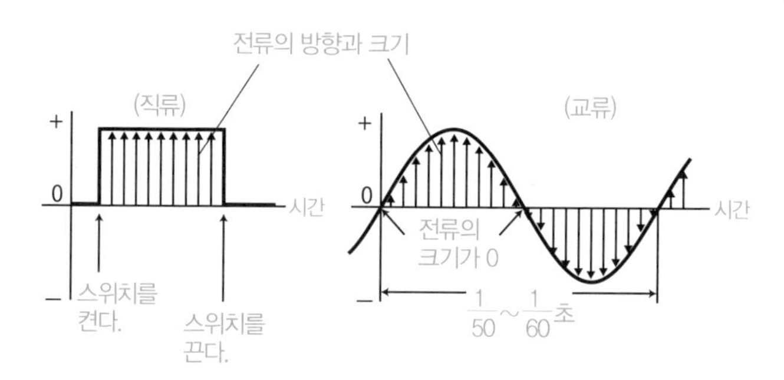

교류의 경우, 가정에 들어온 전류가 220V일지라도 전압은 시시각각 변하기 때문에 전압이 제일 높을 때는 311V를 가리키는가 하면, 제일 낮을 때는 0V가 되기도 하는 등 언제나 220V를 유지하지는 않는다. 그런데도 220V라고 하는 것은 직류와 비교해서 말하는 것이다. 평균적으로 직류 220V와 같은 작용을 할 때 교류도 220V라고 말한다.

교류의 좋은 점은 변압기로 전압을 쉽게 바꿀 수 있다는 것이다. 발전소에서 50만V로 전압을 올려 송전해도 가정에 공급될 때는 220V로 들어간다. 먼 곳까지 전기를 보내려면 높은 전압으로 보내야 송전 손실이 줄어들기 때문이다.

1880년대 후반, 미국에서 전력 사업이 시작되려고 할 때 교류 발전소로 할지 직류 발전소로 할지로 격렬한 갈등이 벌어졌다. 이를 두고 전류

전쟁이라고 부른다. 이때 주역이었던 사람이 바로 그 유명한 발명왕 토머스 에디슨이다.

에디슨은 직류 쪽 진영이었고, 교류를 주장한 쪽은 공기 브레이크* 발명을 발판삼아 철도 사업에 진출한 조지 웨스팅하우스 진영이었다.

에디슨 진영은 백열전구, 송전선, 소켓, 스위치, 안전 퓨즈, 전력량계 등 전류의 송전에 필요한 부품을 개발했고, 1882년에 런던과 뉴욕 등지에서 직류 중앙 발전소를 세워 수천 대에 이르는 전등에 전류를 공급하기 시작했다.

하지만 전압을 쉽게 올리지 못하는 직류는 송전 손실 부분에서 교류보다 뒤떨어졌다. 교류는 변압기로 높은 전압을 송전하고, 변압기에서 실용적이고 안전한 전압으로 내려 사용할 수 있었기 때문에 송전의 범위가 점차 넓어졌다.

그런 이유로 웨스팅하우스 진영이 성공을 거머쥐자 에디슨 진영은 약이 올라 교류 진영을 마구 비난했다. 연구소에 신문 기자와 구경꾼들을 잔뜩 모아놓고는 들개나 들고양이에게 고전압을 걸어 태워 죽이는 실험을 반복하면서 교류 전압의 위험성을 비판했다. 이 여파로 근처의 개와 고양이 수가 10분의 1로 줄어들었다고 한다. 뉴욕 주의 교도소에서 교살형 대신 고압 교류를 이용해 사형을 집행하는 전기의자를 쓰기로 한

---

* 공기 브레이크 : 전차, 열차 등에서 압축 공기로 바퀴의 회전을 제동하여 속도를 줄이고 정지하는 장치.

것은 에디슨 진영에게 절호의 선전 자료가 되기도 했다.

하지만 이러한 공격에도 웨스팅하우스 진영은 무너지지 않았다. 1893년에 시카고 만국박람회에서 전구 25만 개에 불을 밝히는 사업을 낙찰받았고, 멋진 성공을 거두었다. 이렇게 해서 발전과 송전의 주역은 직류에서 교류로 넘어오게 되었다.

감수의 말

1분 실험으로 물리와 친해지자!

물리는 학생들뿐 아니라 일반인들에게도 가장 어려운 학문 중 하나로 인식되어 있다. 사실 많은 이들에게 이러한 푸념은 엄살이 아니다. 이는 양자 역학과 같은 어려운 물리학이 아니더라도 우리 일상생활에서 겪는 많은 물리적 상황을 직관적으로 해석하면 물리 개념과 어긋나는 경우가 많아서 기초적인 물리지식을 습득하는 것도 녹록치 않기 때문이다. 이러한 상황에서 물리 개념을 습득하는 가장 좋은 방법 중의 하나는 직접 실험을 해 보는 것이다.

이 책에는 간단하면서도 학생들이 쉽게 따라할 수 있는 실험들이 풍부하게 제시되어 있다. 그리고 더 중요한 것은 책에서 제시된 간단한 실험들은 집에서 학생들이 혼자서도 충분히 따라해 볼 수 있는 것들이라는 점이다. 실험 방법이 복잡하고 까다로운 경우에는 과학 수업 시간에 할 수밖에 없지만 이 책 속의 실험들은 관심만 있다면 얼마든지 따라해 볼 수 있는 것들이다. 물리 개념을 잘 풀어서 설명한 책을 읽어 보는 것도 유익하기는 하지만 그것보다는 이 책처럼 실험을 같이 곁들여 해 보는 것이 더욱 좋은 방법이라고 할 수 있다. 이 책의 가치는 물리 개념과 실험이 유기적으로 잘 결합되어 있다는 점이다. 그 장점을 잘 살리기 위해서는 단지 책을 읽는 데만 그치지 말고 실험들을 같이 해 본다면 자신이 잘못 알고 있었던 물리 개념을 깨닫게 되는 좋은 계기가 될 것이다.

풍선을 불고 난 후 날려 보는 것은 매우 간단하지만 즐거운 물리 실험이다. 또한 풍선과 책을 동시에 떨어트리는 것도 교실에서 꽤나 반응이 좋은 물리 실험이 될 수 있다. 이러한 실험이 교실에서 학생들의 시선을 끌고 즐거워하는지를 몸소 체험한 나로서는 사마키 다케오의 노력에 많은 공감을 할 수 있었다. 학생들이 과학을 즐겁게 생각하고 친근하게 느끼는 데는 다케오의 주장처럼 일상생활 속에서 찾을 수 있는 실험을 많이 제공해 주는 것이 중요하기 때문이다. 그렇지만 학생들을 가르치다 보면 개념 전달 위주의 수업이 되기 쉽고, 그것은 학생들로 하여금 물리를 어렵고 따분한 과목으로 느끼게 만든다. 물론 이 책으로 물리가 쉬워진다고 말하기는 어렵다. 하지만 최소한 물리를 재미있고 친근하게 느끼는 데는 많은 도움이 될 수 있을 것이다.

진평중학교 과학교사, 과학 저널리스트 최원석